"十四五"高等职业教育计算机类专业系列教材

银河麒麟服务器操作系统运维实践

主 编 黄 新
副主编 钟卓霖 林伟鹏 王艳秋
　　　　高 琪 勾春华 彭添淞

电子工业出版社
Publishing House of Electronics Industry
北京·BEIJING

内 容 简 介

本书是一本以麒麟服务器操作系统服务实战案例为主的培养麒麟服务器操作系统运维工程师的图书，偏重麒麟服务器操作系统的实操，旨在培养学生的操作能力。

本书以任务化的形式组织内容，以麒麟服务器操作系统为载体，对该操作系统的常用网络服务的经典工程案例进行详细的讲述。全书共 7 个单元，从初学者的角度出发，设置多个实际的工程案例，内容包括麒麟服务器操作系统中的系统基础管理命令、批量部署服务、FTP 服务、NFS 服务、磁盘配额、数据库与缓存服务、Web 服务、容器云服务、Shell 与 Ansible 自动化运维。以一个经典案例，将上述所用到的知识点和技能点融会贯通，完成容器监控 Prometheus 的搭建和部署。

本书可作为高职高专计算机网络技术、云计算技术、大数据技术等计算机类相关专业的教材，也可作为 Linux 操作系统高级运维人员的技术参考书。

未经许可，不得以任何方式复制或抄袭本书之部分或全部内容。
版权所有，侵权必究。

图书在版编目（CIP）数据

银河麒麟服务器操作系统运维实践 / 黄新主编. —北京：电子工业出版社，2024.2
ISBN 978-7-121-46866-7

Ⅰ. ①银… Ⅱ. ①黄… Ⅲ. ①网络操作系统－网络服务器－高等学校－教材 Ⅳ. ①TP316.8

中国国家版本馆 CIP 数据核字（2023）第 244056 号

责任编辑：康　静
印　　刷：涿州市京南印刷厂
装　　订：涿州市京南印刷厂
出版发行：电子工业出版社
　　　　　北京市海淀区万寿路 173 信箱　　邮编：100036
开　　本：787×1092　1/16　印张：13.5　字数：329 千字
版　　次：2024 年 2 月第 1 版
印　　次：2024 年 2 月第 1 次印刷
定　　价：45.00 元

凡所购买电子工业出版社图书有缺损问题，请向购买书店调换。若书店售缺，请与本社发行部联系，联系及邮购电话：（010）88254888，88258888。
质量投诉请发邮件至 zlts@phei.com.cn，盗版侵权举报请发邮件至 dbqq@phei.com.cn。
本书咨询联系方式：（010）88254178，liujie@phei.com.cn。

前 言

随着云计算、大数据、人工智能技术的飞速发展，各行业的管理者看到了云技术发展为企业带来的红利，纷纷将企业应用迁移上云，并利用大数据与人工智能技术，为企业应用赋能，让应用能更好地服务广大用户。这一切高效、稳定、有序运转离不开 Linux 操作系统的支撑。Linux 操作系统是云计算、大数据等技术飞速发展的基石。

本书的编者长期担任学校教育一线工作，深刻感受到学校教育和工程实践之间的鸿沟。一方面，IT 企业竞争不断加剧，企业招聘不到心仪的 Linux 操作系统运维人员；另一方面，高校的教材存在一定的技术延迟，学生就业面临诸多现实困难，难以找到与专业对口的工作。本书的初衷是将 IT 企业运维中的主流前沿技术转化为人才培养的素材，培养社会发展需要的人才，使他们能够顺利投身到产业中并推动产业的进步与发展。

本书具有如下特点。

1．选用企业主流技术，突出前沿性。

本书以国产 Linux 操作系统主流发行版本麒麟服务器操作系统为基础，从系统的安装部署到使用（常用命令），从系统的常用服务到存储、数据库、缓存等服务，从 Web 服务部署与应用到容器云服务部署与应用，较全面地介绍了麒麟服务器操作系统的主流用法与实践。

2．以实际项目贯穿，突出实践性。

本书以任务化的形式分步讲解麒麟服务器操作系统中的各项应用服务，引入实际项目案例（容器监控 Prometheus）将学习内容贯穿始终，注重培养学生的实践能力，可以大大提高教师教学与学生学习的质量。

3．以学生素质培养为目标，突出创新性。

麒麟服务器操作系统的学习是一个漫长的过程，想要学会麒麟服务器操作系统不难，但是要想深入掌握麒麟服务器操作系统中的各项服务与应用则需要通过长期的使用与积累。本书突破单纯的技术教授，将素质、能力的提升蕴含其中，让学生在潜移默化中得到锻炼和提高。

本书采用模块化、任务化的编写思路，共 7 个单元。每个单元包含若干教学任务，通过单元描述引出教学单元的核心内容，明确教学目标。每个任务包含任务描述、任务分析、任务实施 3 个环节。每个单元最后设置单元小结、课后练习、实训练习。单元小结总结了本单元的重点和难点内容；课后练习针对本单元的任务设置知识考核和技能考核习题；实训练习根据本单元的实操任务进行横向拓展，布置一个实训任务帮助学生消化本单元所学内容。本书建议将教学课时设置为 64 学时，课程内容及学时安排如下。

项　　目	课 程 内 容	学 时 安 排
单元 1	麒麟服务器操作系统安装与使用	8
单元 2	麒麟服务器操作系统基本管理	8
单元 3	麒麟服务器操作系统服务管理	8
单元 4	麒麟服务器操作系统存储与虚拟化技术	8
单元 5	麒麟服务器操作系统 Web 服务	8
单元 6	麒麟服务器操作系统容器云管理	12
单元 7	自动化运维技术	12

　　本书适用于高职高专计算机类相关专业、云计算相关专业课程的教学，对于从事 Linux 操作系统运维、云计算运维的技术人员也有较大的参考价值，同时适合从事服务器运维、应用实施的专业人士阅读。

　　注：书中注释的方式有两种，第一种是"#"，第二种是"//"。"#"用于配置文件中的内容说明或操作提示；"//"用于运行代码中的代码说明或操作提示。

致谢

　　本书由深圳职业技术大学黄新主编。在编写过程中，编者参阅了国内外同行编写的相关著作和各类文献，感谢各位作者的无私分享。在验证和校对阶段，深圳市云汇创想信息技术有限公司的工程师们提供了宝贵的帮助。然而，由于编者能力有限，本书难免存在疏漏和不足之处，恳请各位读者给予批评和指正，以便编者进行不断优化和完善，为读者提供更加优质的学习资源。

编者

2023 年 2 月

目　录

单元 1　麒麟服务器操作系统安装与使用 1
　　单元描述 1
　　任务分解 1
　　知识准备 2
　　任务 1　麒麟服务器操作系统安装 8
　　任务 2　麒麟服务器操作系统使用案例 18
　　任务 3　PXE+Kickstart 批量部署麒麟服务器操作系统 23
　　单元小结 30
　　课后练习 30
　　实训练习 30

单元 2　麒麟服务器操作系统基本管理 31
　　单元描述 31
　　任务分解 32
　　知识准备 32
　　任务 1　用户与组管理 34
　　任务 2　文件快速定位与管理 37
　　任务 3　软件安装与卸载 42
　　任务 4　基于 systemctl 管理服务 49
　　单元小结 51
　　课后练习 51
　　实训练习 52

单元 3　麒麟服务器操作系统服务管理 53
　　单元描述 53
　　任务分解 53
　　知识准备 54
　　任务 1　系统安全加固实践 59
　　任务 2　FTP 服务的安装与使用 63

任务 3	NFS 服务的安装与使用	66
任务 4	MySQL 的安装与使用	69
单元小结		76
课后练习		76
实训练习		77

单元 4 麒麟服务器操作系统存储与虚拟化技术 78

单元描述 78
任务分解 78
知识准备 79
任务 1 RAID 的创建与使用 84
任务 2 ISCSI 存储服务部署 93
任务 3 KVM 虚拟化运维管理 100
单元小结 111
课后练习 111
实训练习 111

单元 5 麒麟服务器操作系统 Web 服务 112

单元描述 112
任务分解 112
知识准备 113
任务 1 基于 Tomcat 服务部署微网站 117
任务 2 使用 Apache 部署 Web 网站 122
任务 3 使用 LNMP 部署 WordPress 博客系统 128
单元小结 139
课后练习 139
实训练习 140

单元 6 麒麟服务器操作系统容器云管理 141

单元描述 141
任务分解 142
知识准备 142
任务 1 Docker 容器的安装与部署 150
任务 2 容器监控 Prometheus 154
单元小结 173
课后练习 173
实训练习 173

单元 7　自动化运维技术 174

单元描述 174
任务分解 174
知识准备 175
任务 1　Shell 脚本基础语法 178
任务 2　编写 Shell 脚本部署 2048 小游戏 183
任务 3　Ansible 的安装与配置 189
任务 4　使用 Ansible 部署 DNS 集群 197
单元小结 206
课后练习 206
实训练习 206

单元 1

麒麟服务器操作系统安装与使用

单元描述

不管是云计算、大数据，还是人工智能技术，都需要依赖底层的 Linux 操作系统。Linux 操作系统是这些应用或服务能稳定运行的基石。Linux 操作系统的部署与安装有多种方法，本单元从安装单节点麒麟服务器操作系统、使用 PXE+Kickstart 批量部署麒麟服务器操作系统到麒麟服务器操作系统的使用，较全面地介绍了麒麟服务器操作系统主流的安装与使用方法。

1．知识目标

①了解 Linux 操作系统的起源与发展；
②了解主流的麒麟服务器操作系统发行版本；
③认识麒麟服务器操作系统，掌握其优势。

2．能力目标

①能安装单节点麒麟服务器操作系统；
②能使用 PXE+Kickstart 批量部署麒麟服务器操作系统；
③能简单使用麒麟服务器操作系统。

3．素养目标

①培养以科学思维审视专业问题的能力；
②培养实际动手操作与团队合作的能力。

任务分解

本单元旨在让读者掌握麒麟服务器操作系统的安装与使用方法。为了方便读者学习，本单元设置了 3 个任务，从基础的单节点部署到批量部署，再到部署完成后的使用，任务分解如表 1-1 所示。

表 1-1 任务分解

任务名称	任务目标	学时安排
任务 1 麒麟服务器操作系统安装	能安装单节点麒麟服务器操作系统	2
任务 2 麒麟服务器操作系统使用案例	能使用银河麒麟高级服务器操作系统 V10	2
任务 3 PXE+Kickstart 批量部署麒麟服务器操作系统	能完成麒麟服务器操作系统的批量部署	4
总计		8

知识准备

1. Linux 操作系统

（1）Linux 操作系统简介

Linux 是一个类似于 UNIX 的操作系统，它是 UNIX 操作系统在计算机上的完整实现。UNIX 是 1969 年由 K.Thomposn 和 D.M.Richie 在美国贝尔实验室开发的一个操作系统。由于其具有良好而稳定的性能，在计算机中得到了广泛的应用，在随后的几十年中又被不断改进。

1990 年，芬兰人 Linux Torvalds 接触了为教学而设计的 Minix 系统后，开始着手研究编写一个开放的与 Minix 系统兼顾的操作系统。1991 年 10 月 5 日，Linux Torvalds 在赫尔辛基技术大学的一台 FTP 服务器上发布了第 1 个 Linux 操作系统的内核 0.02 版本。随着编程小组的扩大和完整的操作系统基础软件的出现，Linux 操作系统开发人员认识到，Linux 已经逐渐变成一个成熟的操作系统。1992 年 3 月，内核 1.0 版本的推出，标志着 Linux 操作系统第 1 个正式版本诞生。

（2）Linux 操作系统的特点

① 开放性。

Linux 操作系统遵循世界标准规范，特别是遵循 OSI（开放系统互连）国际标准。凡是遵循国际标准开发的硬件和软件都能彼此兼容，可方便地实现互连。另外，源代码开放的 Linux 操作系统是免费的，这使得 Linux 操作系统的获取非常方便，而且使用 Linux 操作系统可节约费用。Linux 操作系统的源代码是开放的，使用者能控制源代码，按照需要对部件进行混合搭配，建立自定义扩展。

② 多用户。

系统资源可以被不同用户使用，即每个用户对自己的资源（如文件、设备）有特定的权限，互不影响。Linux 操作系统和 UNIX 操作系统都具有多用户的特点。

③ 多任务。

多任务是现代计算机最主要的一个特点，是指计算机同时执行多个程序，而且各个程序的运行相互独立。Linux 操作系统调度每一个进程平等地访问微处理器。

④ 出色的速度性能。

Linux 操作系统可以连续运行数月、数年而无须重新启动。Linux 操作系统不太在意 CPU 的速度，它可以把处理器的性能发挥到极致，用户会发现，影响系统性能提高的限制性因素主要是其总线和磁盘 I/O 的性能。

⑤ 良好的用户界面。

Linux 操作系统向用户提供 3 种界面，即用户命令界面、系统调用界面和图形用户界面。

⑥ 丰富的网络功能。

Linux 操作系统是在 Internet 基础上产生并发展起来的，因此，完善的内置网络是 Linux 操作系统的一大特点。Linux 操作系统在通信和网络功能方面优于其他操作系统。

⑦ 可靠的系统安全。

Linux 操作系统设置了许多安全技术措施，包括对读/写进行权限控制、带保护的子系统、审计跟踪、核心授权等，这为网络多用户环境中的用户提供了必要的安全保障。

⑧ 良好的可移植性。

可移植性是指将操作系统从一个平台转移到另一个平台后仍然能按其自身运行方式运行。Linux 是一个可移植的操作系统，能够在微型计算机到大型计算机的任何环境和任何平台上运行。可移植性为运行 Linux 操作系统的不同计算机平台与其他任何机器进行准确而有效的通信提供了手段，不需要另外增加特殊和昂贵的通信接口。

⑨ 具有标准兼容性。

Linux 是一个与可移植性操作系统接口 POSIX 相兼容的操作系统，它所构成的子系统支持所有相关的 ANSI、ISO、IETF 和 W3C 业界标准。Linux 操作系统也符合 X/Open 标准，具有完全自由的 X Window 实现。虽然 Linux 操作系统在对工业标准的支持上做得非常好，但是由于各 Linux 操作系统发布厂商都能自由地获取和接触 Linux 操作系统的源代码，因此各发布厂商发布的 Linux 操作系统版本仍然存在细微的差别。其差别主要在于所捆绑的应用软件的版本、安装工具的版本和各种系统文件所处的目录结构等。

（3）Linux 操作系统的组成

Linux 操作系统一般由 4 个主要部分组成，即内核（Kernel）、命令解释层（Shell）、文件系统和应用程序。内核、命令解释层和文件系统一起形成了基本的操作系统结构。它们使得用户可以运行程序、管理文件及使用系统。具体介绍如下。

① 内核。

内核是系统的心脏，是运行程序和管理磁盘及打印机等硬件设备的核心程序。操作环境向用户提供一个操作界面，从用户那里接受命令，并且把命令送给内核去执行。由于内核提供的都是操作系统最基本的功能，因此如果内核发生问题，整个计算机系统就可能会崩溃。

② 命令解释层。

命令解释层是系统的操作界面，提供了用户与内核进行交互操作的一种接口，即在操作系统内核与用户之间提供操作界面。它可以被描述为命令解释器，用于对用户输入的命令进行解释，再将其发送到内核中。Linux 操作系统中的每个用户都可以拥有自己的操作界面，根据自己的要求进行定制。不仅如此，命令解释层还有自己的编程语言用于命令的编辑，它允许用户编写由 Shell 命令组成的程序。

③ 文件系统。

文件系统是文件存放在磁盘等存储设备上的组织办法。Linux 操作系统支持多种流行的文件系统，如 XFS、EXT2/3/4、FAT、VFAT、ISO9660、NFS、CIFS 等。

④ 应用程序。

标准的 Linux 操作系统都有一套被称为应用程序的程序集，包括文本编辑器、编程语言 X Window、办公套件、Internet 工具、数据库等。

（4）Linux 操作系统的版本

Linux 操作系统的版本分为内核版本和发行版本两种。

① 内核版本。

内核是系统的心脏，是运行程序和管理磁盘及打印机等硬件设备的核心程序，它提供了一个在裸设备与应用程序间的抽象层。例如，程序本身不需要了解用户的主板芯片集成或者磁盘控制器的细节就能在高层次上读/写磁盘。

内核的开发和规范一直由 Linux Benedict Torvalds 领导的开发小组控制，版本也是唯一的。开发小组每隔一段时间公布新的版本或其修订版，从 1991 年 10 月开发小组向世界公布的 Linux 内核 0.0.2 版本到目前最新的内核 5.4.0 版本，Linux 操作系统的功能越来越强大。

Linux 内核的版本号命名是有一定规则的，版本号的格式通常为"主版本号.次版本号.修正号"。主版本号和次版本号标志着重要的功能变动，修正号表示较小的功能变动。以 2.6.12 版本为例，2 表示主版本号，6 表示次版本号，12 表示修正号。其中，次版本号还有特定的意义：如果是偶数数字，就代表该内核是一个可放心使用的稳定版；如果是奇数数字，就表示该内核加入了某些测试的新功能，是一个内部可能存在 Bug 的测试版。例如，2.5.74 表示一个测试版的内核，2.6.12 表示一个稳定版的内核。读者可以到 Linux 操作系统内核官方网站下载最新的内核代码。

② 发行版本。

仅有内核而没有应用软件的操作系统是无法使用的，所以许多公司或者社团将内核、源代码及相关的应用程序组织构成一个完整的操作系统，让一般的用户可以简便地安装和使用 Linux 操作系统，这就是所谓的发行版本。一般人们谈论的 Linux 操作系统便是针对这些发行版本的。目前各种发行版超过 300 种，它们的发行版本号各不相同，使用的内核版本号也可能不一样，现在流行的有 Red Hat（红帽）、麒麟服务器操作系统、Fedora、openSUSE、Debian、Ubuntu、红旗 Linux 等。

（5）Linux 操作系统的应用领域

Linux 操作系统自诞生到现在，已经在各个领域得到了广泛应用，显示了强大的生命力，并且应用范围正在日益扩大。

① 教育与服务领域。

Linux 操作系统应用广泛，具有稳定、健壮、系统要求低、网络功能强等特点，已成为 Internet 服务器操作系统的首选，现已达到了服务器操作系统市场 40%以上的占有率。

② 云计算领域。

当今云计算发展迅速，在构建云计算平台的过程中，开源技术起到了不可替代的作用。从某种程度上来说，开源是云计算的灵魂。大多数的云基础设施平台使用 Linux 操作系统。目前已经有多个云计算平台的开源实现，主要开源云计算项目有 OpenStack、CloudStack 和

OpenNebula 等。

③ 嵌入式领域。

Linux 是十分适合进行嵌入式开发的操作系统之一。Linux 嵌入式应用涵盖的领域极为广泛，嵌入式领域将是 Linux 操作系统最大的发展空间。迄今为止，在主流 IT 界取得最大成功的当属由谷歌开发的 Android 系统，它是基于 Linux 操作系统的移动操作系统。Android 系统把 Linux 操作系统交到了全球无数移动设备消费者的手中。

④ 企业领域。

企业利用 Linux 操作系统可以以低廉的投入架设 E-mail 服务器、WWW 服务器、DNS 服务器、DHCP 服务器、目录服务器、防火墙、文件和打印服务器、代理服务器、透明网关、路由器等。当前，谷歌、亚马逊、思科、IBM、纽约证券交易所和美国维珍轨道公司都是 Linux 操作系统的用户。

⑤ 超级计算领域。

Linux 操作系统被用于高性能计算、计算密集型应用等方面，如风险分析、数据分析、数据建模等。在 2018 年及 2019 年世界 500 强超级计算机排行榜中，基于 Linux 操作系统的计算机占据了 100%的份额。

⑥ 桌面领域。

面向桌面的 Linux 操作系统特别在桌面应用方面进行了改进，达到了相当高的水平，完全可以作为一种集办公应用、多媒体应用、网络应用等多功能于一体的图形用户界面操作系统。

2．麒麟服务器操作系统

（1）麒麟服务器操作系统简介

麒麟服务器操作系统是使用 Linux 操作系统内核的一种操作系统软件，集成了卓越的桌面应用系统，使以往复杂的 Linux 操作变得更加容易，此外，麒麟服务器操作系统还提供了 GUI、Shell 和许多实用工具，以方便用户运行程序、管理文件。

（2）麒麟服务器操作系统的优点

- 高安全。
- 国内首家通过国防领域安全认证、公安部结构化保护级认证（B2 级）。
- 安全等级显著高于 Windows 操作系统同类产品（C2 级）。
- 高可用。
- 首个通过国际 Linux Foundation 组织电信运营级 CGL 5.0 认证，即"5 个 9"。
- 协同调度天河二号上 32 000 颗 CPU 和 48 000 颗 GPU。
- 可定制。
  - ➢ 功能定制：驱动定制、内核定制、API 及 ABI 定制、裁剪定制、安装形态定制。
  - ➢ 安全定制：强密码策略定制、强制访问规则定制、细粒度审计定制、可信度量定制。

银河麒麟服务器操作系统 V10 及配套产品如表 1-2 所示。

表 1-2 银河麒麟服务器操作系统 V10 及配套产品

银河麒麟桌面操作系统 V10	银河麒麟高级服务器操作系统
银河麒麟桌面操作系统（飞腾版）V10 KYLIN Linux Desktop（Phytium）V10	银河麒麟高级服务器操作系统（飞腾版）V10 KYLIN Linux Advanced Server（Phytium）V10
银河麒麟桌面操作系统（鲲鹏版）V10 KYLIN Linux Desktop（Kunpeng）V10	银河麒麟高级服务器操作系统（鲲鹏版）V10 KYLIN Linux Advanced Server（Kunpeng）V10
银河麒麟桌面操作系统（龙芯版）V10 KYLIN Linux Desktop（Loongson）V10	银河麒麟高级服务器操作系统（龙芯版）V10 KYLIN Linux Advanced Server（Loongson）V10
银河麒麟桌面操作系统（兆芯版）V10 KYLIN Linux Desktop（Zhaoxin）V10	银河麒麟高级服务器操作系统（兆芯版）V10 KYLIN Linux Advanced Server（Zhaoxin）V10
银河麒麟桌面操作系统（海光版）V10 KYLIN Linux Desktop（Hygon）V10	银河麒麟高级服务器操作系统（海光版）V10 KYLIN Linux Advanced Server（Hygon）V10
银河麒麟桌面操作系统（申威版）V10 KYLIN Linux Desktop（Sunway）V10	银河麒麟高级服务器操作系统（申威版）V10 KYLIN Linux Advanced Server（Sunway）V10

3．PXE 与 Kickstart 工具

（1）PXE 简介

PXE（Preboot eXecution Environment，预启动执行环境）提供了一种使用网络接口（Network Interface）启动计算机的机制。这种机制让计算机的启动可以不依赖本地数据存储设备（如硬盘）或本地已安装的操作系统。

PXE 是由 Intel 公司开发的，工作于 C/S 网络模式，支持工作站通过网络从远端服务器下载镜像，并由此支持通过网络启动操作系统。在启动过程中，终端要求服务器分配 IP 地址，再用 TFTP（Trivial File Transfer Protocol）或 MTFTP（Multicast Trivial File Transfer Protocol）协议下载一个启动软件包到本机内存中执行，由这个启动软件包完成终端（客户端）基本软件设置，从而引导预先安装在服务器中的终端操作系统。PXE 可以引导多种操作系统。

严格来说，PXE 并不是一种安装方式，而是一种引导方式。进行 PXE 安装的必要条件是在要安装的计算机中必须包含一张 PXE 支持的网卡（NIC），即网卡中必须有 PXE Client。PXE 协议可以使计算机通过网络启动。此协议分为 Client 端和 Server 端，而 PXE Client 则在网卡的 ROM 中。当计算机引导时，BIOS 把 PXE Client 调入内存中执行，然后由 PXE Client 将放置在远端的文件或镜像通过网络下载到本地运行。运行 PXE 协议需要设置 DHCP 服务器和 TFTP 服务器。DHCP 服务器会给 PXE Client（将要安装系统的主机）分配一个 IP 地址，由于是给 PXE Client 分配 IP 地址，因此在配置 DHCP 服务器时需要增加相应的 PXE 设置。此外，在 PXE Client 的 ROM 中，已经存在 TFTP Client，它可以通过 TFTP 协议到 TFTP Server 上下载所需的文件或镜像。

（2）PXE 的工作流程

① 设置 PXE 启动项。

设置拥有 PXE 功能的 Client 端主机开机启动项为网络启动，一般默认为此选项，如果没有，则可自行设置 BIOS 启动项。

② 分配 IP 地址。

Client 端开机之后进入网络启动，此时 Client 端没有 IP 地址，所以需要发送广播报文（PXE 网卡内置 DHCP Client 端程序），DHCP 服务器响应 Client 端的请求，分配给 Client 端相应的 IP 地址与掩码等信息。

③ 启动内核。

Client 端得到 IP 地址之后，与 TFTP 服务器进行通信，下载 pxelinux.0 和 default 文件，根据 default 文件指定的 vmlinuz 和 initrd.img 启动系统内核，并下载指定的 ks.cfg 文件。

④ 安装系统。

根据 ks.cfg 文件，到文件共享服务器（HTTP/FTP/NFS）上面下载 RPM 包开始安装系统，需要注意的是，此时的文件共享服务器是用于提供 yum 服务器的功能的。

PXE 的详细工作流程如图 1-1 所示。

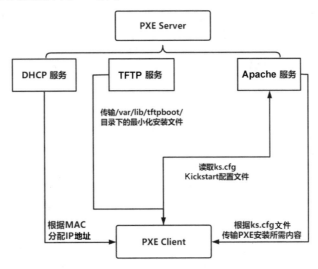

图 1-1　PXE 的详细工作流程

（3）PXE 的工作场景

Linux 操作系统有多种安装方式：HD、USB、CDROM、PXE 及远程管理卡等。在进行系统运维工作时，经常要安装操作系统，然而维护的服务器不是一两台，一般企业的服务器数量在几十、几百、几千甚至上万台。这么多台服务器，如果利用人工一台一台手动去安装，那么运维人员要把大部分时间花费在安装系统上，所以，运维人员一般会建立一台 PXE 服务器，通过网络来批量部署系统。这极大地简化了用光盘或者 U 盘重复安装 Linux 操作系统的过程，避免了重复性劳动，极大地提高了工作效率。

（4）Kickstart 简介

Kickstart 是 Red Hat 发行版本中的一种安装方式，通过配置文件的方式来记录 Linux 操作系统安装时的各项参数和想要安装的软件。只要配置正确，在整个安装过程中就无须人工交互参与，可以达到无人值守安装的目的，因而其受到运维人员的喜爱。

Kickstart 文件可以存放于单一的服务器上，在安装过程中被独立的机器读取。该安装方法可以支持使用单一 Kickstart 文件在多台机器上安装 Linux 操作系统，这对于网络和系统管理员来说是一个理想的选择。

（5）Kickstart 的工作原理

在安装过程中记录典型的需要人工干预填写的各种参数，并生成一个名为 ks.cfg 的文件，在安装过程中（不只局限于生成 Kickstart 安装文件的机器）出现要填写参数的情况，安装程序首先会查找由 Kickstart 生成的文件，如果找到合适的参数，则采用所找到的参数；如果没有找到合适的参数，则需要人工手动干预。

所以，如果 Kickstart 文件涵盖了在安装过程中可能出现的所有需要填写的参数，那么安装者完全可以只告诉安装程序从何处获取 ks.cfg 文件，然后就去忙自己的事情，等安装完成后，安装程序会根据 ks.cfg 文件中的设置重启操作系统，并结束安装。

PXE 配合 Kickstart 可以实现无人值守安装操作系统的目的，通过 PXE+Kickstart 批量安装操作系统的工作流程如图 1-2 所示（DHCP Server、Install/Boot Server 和 OS Server 可以是一台机器）。

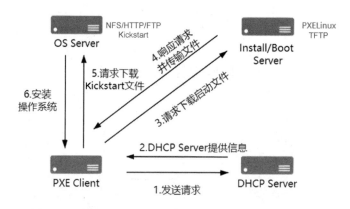

图 1-2　通过 PXE+Kickstart 批量安装操作系统的工作流程

（6）Kickstart 服务文件创建方式

创建 Kickstart 服务文件有如下 3 种方式。

- 完全手动创建 Kickstart 服务文件。
- 使用图形化工具 system-config-kickstart 创建 Kickstart 服务文件。
- 通过标准化安装程序 Anaconda 安装系统，Anaconda 会生成一个当前系统的 Kickstart 服务文件，以此文件为基础进行修改，就变成了需要的 Kickstart 服务文件。

任务 1　麒麟服务器操作系统安装

1. 任务描述

本任务的目的是帮助读者快速学习如何安装单节点麒麟服务器操作系统。我们将使用

VMware Workstation 作为实际操作环境，详细介绍如何准备 VMware Workstation 环境、安装操作系统。通过学习本任务，读者可以快速掌握单节点银河麒麟高级服务器操作系统 V10 的安装过程，并了解如何使用 VMware Workstation 软件来安装麒麟服务器操作系统。

2．任务分析

（1）节点规划

使用麒麟服务器操作系统进行节点规划，如表 1-3 所示。

表 1-3　节点规划

IP 地址	主 机 名	节　　点
192.168.111.10	localhost	麒麟服务器操作系统服务器端

（2）基础准备

使用本地 PC 环境的 VMWare Workstation 进行实操练习，镜像使用 Kylin-Server-10-SP2-Release-Build09-20210524-x86_64.iso。

3．任务实施

①双击 VMware-workstation-full-16.2.4.exe 应用程序，等待数秒后，在打开的界面中单击"下一步"按钮，如图 1-3 所示。

②勾选"我接受许可协议中的条款"复选框，并单击"下一步"按钮，如图 1-4 所示。

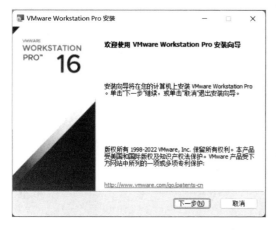

图 1-3　安装向导　　　　　　　　　　　图 1-4　最终用户许可协议

③取消勾选"增强型键盘驱动程序"复选框，勾选"将 VMware Workstation 控制台工具添加到系统 PATH"复选框，单击"下一步"按钮，如图 1-5 所示。

④取消勾选"启动时检查产品更新"和"加入 VMware 客户体验提升计划"复选框，单击"下一步"按钮，如图 1-6 所示。

图 1-5　自定义安装

图 1-6　用户体验设置

⑤勾选"桌面"和"开始菜单程序文件夹"复选框，单击"下一步"按钮，如图 1-7 所示。

图 1-7　快捷方式

⑥单击"安装"按钮，开始 VMware Workstation 的安装，如图 1-8 和图 1-9 所示。

图 1-8　准备安装

图 1-9　正在安装

⑦安装完成后，暂不输入许可证密钥，单击"完成"按钮，如图 1-10 所示。

⑧双击桌面上的 VMware Workstation 图标，在弹出的界面中选中"我希望试用 VMware Workstation 16 30 天"单选按钮选择试用，单击"继续"按钮，如图 1-11 所示。

图 1-10 安装向导完成

图 1-11 选择试用

VMware Workstation 主界面如图 1-12 所示。

图 1-12 VMware Workstation 主界面

⑨双击桌面上的 VMware Workstation 图标，在打开的主界面中单击"创建新的虚拟机"按钮，如图 1-13 所示。

⑩选中"典型（推荐）"单选按钮，单击"下一步"按钮，如图 1-14 所示。

⑪选中"稍后安装操作系统"单选按钮，单击"下一步"按钮，如图 1-15 所示。

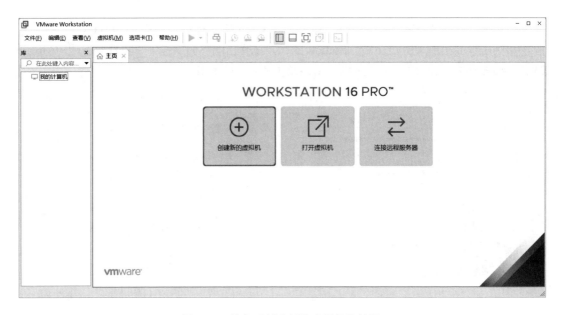

图 1-13 单击"创建新的虚拟机"按钮

 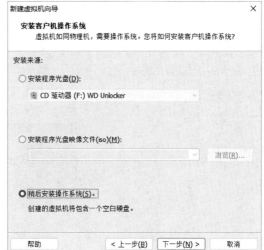

图 1-14 选择配置类型　　　　　图 1-15 安装客户机操作系统

⑫选中"客户机操作系统"选项组下的"Linux"单选按钮,在"版本"选项组的下拉列表中选择"其他 Linux 4.x 内核 64 位"选项,单击"下一步"按钮,如图 1-16 所示。

⑬在"虚拟机名称"文本框中输入"麒麟服务器操作系统 V10 SP2",选择安装位置,单击"下一步"按钮,如图 1-17 所示。

⑭指定磁盘容量为 20 GB,选中"将虚拟磁盘存储为单个文件"单选按钮,单击"下一步"按钮,如图 1-18 所示。

⑮已准备好创建虚拟机,单击"完成"按钮,如图 1-19 所示。

图 1-16　选择客户机操作系统　　　　　图 1-17　命名虚拟机

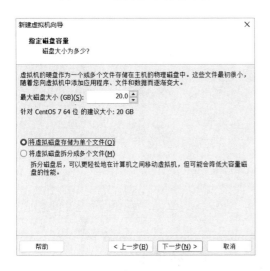

图 1-18　指定磁盘容量　　　　　图 1-19　已准备好创建虚拟机

⑯在主菜单中选择"虚拟机"→"设置"命令,在"硬件"界面的左侧选项组中选择"新 CD/DVD(IDE)"选项,在右侧"连接"选项组中选中"使用 ISO 映像文件"单选按钮,并单击"浏览"按钮,添加本任务所提供的麒麟服务器操作系统 V10 SP2 镜像,单击"关闭"按钮,如图 1-20 所示。

⑰单击"开启此虚拟机"按钮,开启虚拟机,如图 1-21 所示。

⑱进入系统安装引导界面,选择"Install Kylin Linux Advanced Server V10"选项并按"Enter"键,进入系统安装界面,如图 1-22 所示。

⑲设置语言,选择"中文 Chinese"→"简体中文"选项,单击"继续"按钮,如图 1-23 所示。

⑳设置时区,在安装管理界面中单击进入"时间和日期"界面,选择时区为"亚洲/上海",单击左上角的"完成"按钮,如图 1-24 所示。

图 1-20 添加镜像源

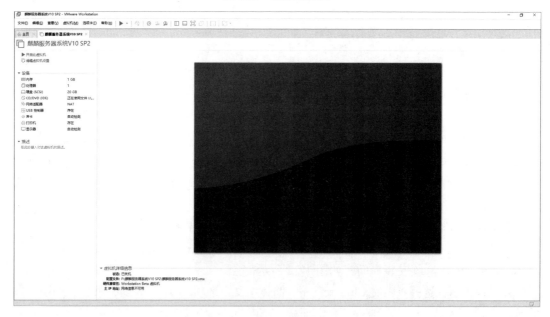

图 1-21 开启虚拟机

单元 1　麒麟服务器操作系统安装与使用

图 1-22　安装系统

图 1-23　设置语言

图 1-24　设置时区

㉑设置磁盘分区，在安装管理界面中单击进入"安装目标位置"界面，选择当前的"sda / 40GiB 空闲"选项，在下方默认选中"自动"单选按钮，单击左上角的"完成"按钮，如图 1-25 所示。

㉒设置软件源，在安装管理界面中单击进入"软件选择"界面，选中"最小安装"单选按钮并勾选"标准"复选框，单击左上角的"完成"按钮，如图 1-26 所示。

图 1-25　设置磁盘分区

图 1-26　设置软件源

㉓在"ROOT 密码"界面中设置用户密码，设置"Root 密码"为"passw@r1"，单击左上角的"完成"按钮，如图 1-27 所示。

㉔单击右下角的"开始安装"按钮，开始系统的安装，如图 1-28 所示。

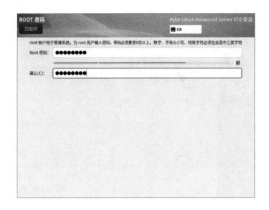
图1-27 设置用户密码

图1-28 开始安装

㉕等待一段时间后系统初始化安装完成,单击"重启系统"按钮重启虚拟机,如图1-29所示。

图1-29 重启虚拟机

㉖重启虚拟机后,在引导界面中按"Enter"键选择默认的第1个选项,即可进入操作系统,如图1-30所示。

图1-30 启动选项

㉗许可信息确认,首次进入操作系统需要进行初始化,首先输入"3",按"Enter"键,然后输入"2",按"Enter"键,接着输入"c",按"Enter"键,最后输入"c",按"Enter"键,如图 1-31 所示。

图 1-31 初始化

㉘重启后输入用户名"root"及密码"passw@r1",完成登录,如图 1-32 所示。

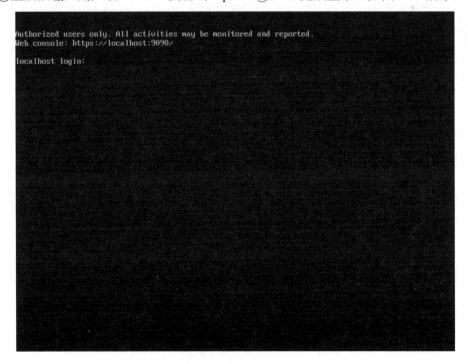

图 1-32 麒麟服务器操作系统 V10 SP2 登录界面

至此，麒麟服务器操作系统的安装就结束了。

任务 2　麒麟服务器操作系统使用案例

1．任务描述

当使用银河麒麟高级服务器操作系统 V10 时，了解一些基本的命令和使用方法非常重要。本任务旨在介绍银河麒麟高级服务器操作系统 V10 的基本命令和使用方法，并使用终端和命令行界面来执行常见的任务，目的是帮助读者快速学习如何使用和管理银河麒麟高级服务器操作系统 V10。

2．任务分析

（1）节点规划

使用麒麟服务器操作系统进行节点规划，如表 1-4 所示。

表 1-4　节点规划

IP 地址	主 机 名	节　　点
192.168.111.10	localhost	麒麟服务器操作系统服务器端

（2）基础准备

使用 VMware Workstation 最小化安装一台虚拟机，配置使用 1vCPU/2GB 内存/40GB 硬盘，镜像使用 Kylin-Server-10-SP2-Release-Build09-20210524-x86_64.iso，网络使用 NAT 模式，并将 NAT 模式的网段配置成 192.168.111.0/24。虚拟机安装完成之后，配置虚拟机的 IP 地址（用户可自行配置 IP 地址，此处配置的 IP 地址为 192.168.111.10），并使用远程连接工具进行连接。

3．任务实施

（1）echo 命令

echo 命令用于输出指定的字符串或者变量，语法格式为：

```
echo　[选项]　[字符串 | $变量]
```

字符串可以加引号，也可以不加引号。加引号时，将字符串原样输出；不加引号时，将字符串中的各个单词作为字符串输出，各字符串之间用一个空格分隔。

常用选项及功能如下。

-n：不在最后自动换行。

-e：激活转义字符，若字符串中出现如表 1-5 所示的字符，则进行特殊处理，而不会将它当成一般文字输出。

表 1-5 转义字符

字　符	描　述
\a	发出警告声
\b	退格（删除前一个字符）
\c	最后不加换行符号
\f	换行，但光标仍停留在原位置
\\	插入\字符
\n	换行，且光标移至行首
\r	光标移至行首，但不换行
\t	插入 Tab
\v	与\f 作用相同
\nnn	插入 nnn（八进制）代表的 ASCII 字符

例如，指定输出"Hello,麒麟服务器操作系统"：

```
[root@localhost ~]# echo -e "Hello,\n麒麟服务器操作系统"
Hello,
麒麟服务器操作系统
```

例如，指定输出后不换行：

```
[root@localhost ~]# echo -e "麒麟服务器操作系统\c"
麒麟服务器操作系统[root@localhost ~]#
```

-help：显示帮助。

-version：显示版本信息。

（2）date 命令

date 命令用于显示或设置系统时间与日期，语法格式为：

```
date [选项] [+格式参数]
```

常用选项及功能如下。

-d, --date=STRING：解析字符串并按照指定格式输出，字符串不能是'now'。

-r, --reference=FILE：显示文件的上次修改时间。

-s, --set=STRING：根据字符串设置系统时间。

-u, --utc, --universal：显示或设置世界协调时（UTC）。

--help：显示帮助信息并退出。

--version：显示版本信息并退出。

以"+"开始的参数用来指定时间与日期格式，常用的格式参数如表 1-6 所示。

表 1-6 时间与日期格式参数

格式参数	描　述
%t	Tab 键
%Y	年份
%m	月份
%d	日（当月第几天）

续表

格式参数	描述
%H	小时（24 小时格式，0~23）
%I	小时（12 小时格式，1~12）
%M	分钟（00~59）
%S	秒（00~59）
%j	今年的第几天
%Z	以字符串形式输出当前时区
%z	以数字形式输出当前时区

只有拥有权限的用户（如 root）才能设定系统时间与日期。当以 root 身份更改系统时间与日期之后，使用 clock -w 命令将系统时间与日期写入 CMOS 中，在下次重新开机时系统时间与日期才会保持最新的值。

例如，规范输出格式化时间：

```
[root@localhost ~]# date "+%Y-%m-%d %H:%M:%S"
2023-02-14 15:59:33
```

例如，输出明天的时间：

```
[root@localhost ~]# date -d tomorrow
2023 年 02 月 15 日 星期三 16:05:17 CST
```

（3）reboot 命令

reboot 命令用于重启正在运行的 Linux 操作系统，在使用 reboot 命令时需要拥有 root 权限，语法格式为：

```
reboot [选项]
```

常用选项及功能如下。

-d：当重启时不把数据写入记录文件/var/tmp/wtmp 中，具有与-n 参数一样的效果。

-f：强制重启，不调用 shutdown 指令的功能。

-i：在重启之前，先关闭所有网络界面。

-n：在重启之前不检查是否有未结束的程序。

-w：仅做测试，并不真正将操作系统重启，只会把重启的数据写入/var/log 目录下的 wtmp 记录文件中。

例如，强制当前服务器立马重启：

```
[root@localhost ~]# reboot -f
Rebooting.
```

（4）shutdown 命令

shutdown 命令用来关闭系统，它可以关闭所有程序，并根据用户的需要，执行重启或关机的动作，也需要用户拥有 root 权限，语法格式为：

```
shutdown [选项] [参数]
```

常用选项及功能如下。

-c：取消已经在进行的 shutdown 命令内容。

-h：关机。

-k：只是给所有用户发出信息，而不会真正关机。

-r：关机之后重启。

-t<秒数>：送出警告信息和删除信息之间需要延迟的秒数。

参数有时间和警告信息，时间参数表示多长时间后执行 shutdown 命令；警告信息参数是指要传送给所有登录用户的信息。

例如，指定立即关机：

```
[root@localhost ~]# shutdown -h +0
```

例如，指定 12:00 关机：

```
[root@localhost ~]# shutdown -h +12:00
Shutdown scheduled for Wed 2023-02-15 12:00:00 CST, use 'shutdown -c' to cancel.
```

例如，指定 5 分钟后关机，并发出警告信息：

```
shutdown +5 "5 分钟后系统将关闭"
```

上述命令将显示关机警告信息。输入 shutdown -c 命令将中断关机指令，结果如图 1-33 所示。

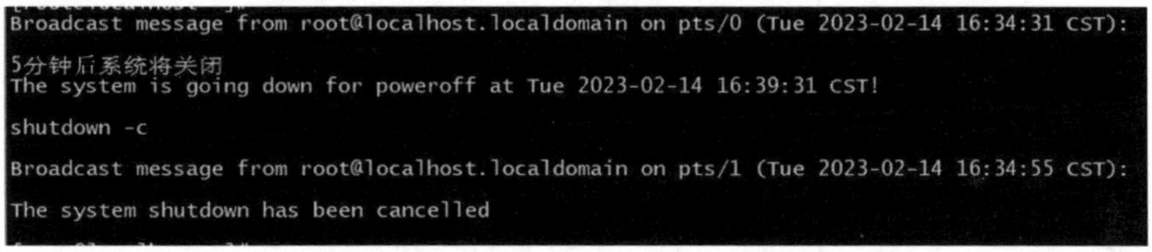

图 1-33　使用 shutdown -c 命令

（5）ps 命令

ps 命令用于查看当前系统的进程状态，语法格式为：

```
ps [选项] [--help]
```

常用选项及功能如下。

-a：列出所有进程。

-w：显示类型增多，可以获取更详细的信息。

-u：以用户为主的进程状态。

-x：显示没有控制终端的进程。

-au：显示较详细的资讯。

-aux：显示所有包含其他使用者的进程。

输出格式选项如下。

-l：将信息较长、较详细地列出。

-f：更完整地输出。

-j：以工作格式输出。

例如，列出所有进程：

```
[root@localhost ~]# ps -a
    PID TTY          TIME CMD
      1 ?        00:00:01 systemd
      2 ?        00:00:00 kthreadd
      3 ?        00:00:00 rcu_gp
      4 ?        00:00:00 rcu_par_gp
      6 ?        00:00:00 kworker/0:0H-kblockd
      8 ?        00:00:00 mm_percpu_wq
      9 ?        00:00:00 ksoftirqd/0
     10 ?        00:00:00 rcu_sched
... ...
//忽略输出
... ...
   1704 ?        00:00:00 kworker/2:2-events_power_efficient
   1705 ?        00:00:00 kworker/2:3-cgroup_pidlist_destroy
   1708 pts/1    00:00:00 bash
   1758 ?        00:00:00 kworker/1:0-events_power_efficient
   1813 ?        00:00:00 kworker/3:2-ata_sff
   1819 ?        00:00:00 kworker/3:0-ata_sff
   1821 pts/1    00:00:00 ps
```

例如，将属于本次登录用户的进程列出：

```
[root@localhost ~]# ps -l
F S   UID    PID   PPID  C PRI  NI ADDR SZ WCHAN  TTY          TIME CMD
0 S     0   1708   1649  0  80   0 - 55916 -      pts/1    00:00:00 bash
0 R     0   1844   1708  0  80   0 - 54173 -      pts/1    00:00:00 ps
```

（6）kill 命令

kill 命令用于终止某个指定的 PID 的服务进程，语法格式为：

```
kill [选项] [进程PID]
kill [-s signal|-p] [-a] pid …
kill -l [signal]
```

常用选项及功能如下。

-l：指定信号名称列表，若没有信号编号参数，则会列出所有信号选项。

-s：指定发送信号。

-p：模拟发送信号。

PID：要终止进程的 ID。

signal：信号。

例如，杀死进程：

```
[root@localhost ~]# kill 12345
```

例如，强制杀死进程：

```
[root@localhost ~]# kill -9 KILL 12345
```

例如，发送 SIGHUP 信号，可以使用以下信号：

```
[root@localhost ~]# kill -HUP pid
```
例如，彻底杀死进程：
```
[root@localhost ~]# kill -s 9 12345
[root@localhost ~]# kill -l
 1) SIGHUP       2) SIGINT       3) SIGQUIT      4) SIGILL       5) SIGTRAP
 6) SIGABRT     7) SIGBUS       8) SIGFPE       9) SIGKILL     10) SIGUSR1
11) SIGSEGV    12) SIGUSR2    13) SIGPIPE    14) SIGALRM    15) SIGTERM
16) SIGSTKFLT  17) SIGCHLD    18) SIGCONT    19) SIGSTOP    20) SIGTSTP
21) SIGTTIN    22) SIGTTOU    23) SIGURG     24) SIGXCPU    25) SIGXFSZ
26) SIGVTALRM  27) SIGPROF    28) SIGWINCH   29) SIGIO      30) SIGPWR
31) SIGSYS     34) SIGRTMIN   35) SIGRTMIN+1  36) SIGRTMIN+2  37) SIGRTMIN+3
38) SIGRTMIN+4 39) SIGRTMIN+5 40) SIGRTMIN+6  41) SIGRTMIN+7  42) SIGRTMIN+8
43) SIGRTMIN+9 44) SIGRTMIN+10 45) SIGRTMIN+11 46) SIGRTMIN+12 47) SIGRTMIN+13
48) SIGRTMIN+14 49) SIGRTMIN+15 50) SIGRTMAX-14 51) SIGRTMAX-13 52) SIGRTMAX-12
53) SIGRTMAX-11 54) SIGRTMAX-10 55) SIGRTMAX-9  56) SIGRTMAX-8  57) SIGRTMAX-7
58) SIGRTMAX-6  59) SIGRTMAX-5  60) SIGRTMAX-4  61) SIGRTMAX-3  62) SIGRTMAX-2
63) SIGRTMAX-1  64) SIGRTMAX
```

任务 3　PXE+Kickstart 批量部署麒麟服务器操作系统

1. 任务描述

本任务旨在介绍如何使用 PXE+Kickstart 工具创建母机，并使用母机对操作系统进行批量部署。在现实工作中，需要在大量设备上安装操作系统的情况很常见，因此对操作系统进行批量部署是一位合格工程师所必须掌握的技能。本任务从搭建基本的 PXE 环境，编写 Kickstart 启动文件，到批量部署操作系统，全面介绍批量部署操作系统的技术和方法，使读者能够快速掌握相关技能。

2. 任务分析

（1）节点规划

使用 PXE+Kickstart 完成批量部署的节点规划，如表 1-7 所示。

表 1-7　节点规划

IP 地址	主 机 名	节　　点
192.168.111.10	pxe	PXE 母机
192.168.111.11	localhost	需要安装操作系统的机器

（2）基础准备

使用 VMware Workstation 最小化安装一台虚拟机，配置使用 1vCPU/2GB 内存/40GB 硬盘，镜像使用 Kylin-Server-10-SP2-Release-Build09-20210524-x86_64.iso，网络使用 NAT 模式，并将 NAT 模式的网段配置成 192.168.111.0/24。虚拟机安装完成之后，配置虚拟机的 IP 地址（用户可自行配置 IP 地址，此处配置的 IP 地址为 192.168.111.10 和 192.168.111.11），并使用远程连接工具进行连接。

3. 任务实施

① 基础配置。

设置虚拟机主机名为 pxe，命令如下：

```
[root@localhost ~]# hostnamectl set-hostname pxe
```

修改完主机名后，重新连接主机使主机名生效。关闭虚拟机的防火墙和 SELinux 服务，命令如下：

```
[root@pxe ~]# systemctl stop firewalld
[root@pxe ~]# setenforce 0
```

② 配置 yum 源。

将 Kylin-Server-10-SP2-Release-Build09-20210524-x86_64.iso 镜像上传到虚拟机的/root 目录下，并挂载到/mnt 目录，挂载命令如下：

```
[root@pxe ~]# mount Kylin-Server-10-SP2-Release-Build09-20210524-x86_64.iso /mnt
mount: /mnt: WARNING: source write-protected, mounted read-only.
```

进入软件源目录，删除默认源：

```
[root@pxe ~]# cd /etc/yum.repos.d/
[root@pxe yum.repos.d]# rm -rf kylin_x86_64.repo
```

编写本地 local.repo 文件，配置 yum 源：

```
[root@pxe yum.repos.d]# vi local.repo
```

local.repo 文件的内容如下，输入"i"进入编辑模式，内容输入结束后按"Esc"键，输入":wq"退出文件：

```
[kylin]
name=kylin
baseurl=file:///mnt
gpgcheck=0
enabled=1
```

使用命令检查 yum 源是否配置成功，命令如下：

```
[root@pxe ~]# yum repolist
仓库标识            仓库名称
kylin               kylin
```

出现以上返回信息则表示配置成功。

③ 安装与配置 DHCP 服务。

利用刚刚配置好的软件源进行软件安装，命令如下：

```
[root@pxe yum.repos.d]# yum install -y dhcp
kylin                    160 MB/s | 3.7 MB     00:00
软件包 dhcp-12:4.4.2-3.ky10.x86_64 已安装。
依赖关系解决。
无须任何处理。
完毕！
```

修改 DHCP 服务的配置文件/etc/dhcp/dhcpd.conf，将配置文件的内容全部删除，进入文件：

```
[root@pxe yum.repos.d]# vi /etc/dhcp/dhcpd.conf
```

添加如下字段：

```
subnet 192.168.111.0 netmask 255.255.255.0 {
    option routers 192.168.111.254;
    range 192.168.111.100 192.168.111.200;
    next-server 192.168.111.10;
    filename "pxelinux.0";
}
```

保存并退出文件后，启动 DHCP 服务：

```
[root@pxe yum.repos.d]# systemctl start dhcpd
[root@pxe yum.repos.d]# systemctl enable dhcpd
```

④ 安装 TFTP 服务。

安装 TFTP 服务的命令如下（TFTP 服务默认由 xinetd 服务管理）：

```
[root@pxe yum.repos.d]# yum install -y tftp-server
... ...
//忽略输出
... ...
已安装：
  tftp-server-5.2-27.ky10.x86_64
```

修改 TFTP 服务的配置文件/etc/xinetd.d/tftp，进入文件：

```
[root@pxe yum.repos.d]# vi /etc/xinetd.d/tftp
```

修改为如下内容：

```
service tftp
{
        socket_type             = dgram
        protocol                = udp
        wait                    = yes
        user                    = root
        server                  = /usr/sbin/in.tftpd
        server_args             = -s /var/lib/tftpboot
        disable                 = no         # 此处的 yes 改为 no
```

```
            per_source              = 11
            cps                     = 100 2
            flags                   = IPv4
}
```

修改完之后保存并退出文件。

启动 TFTP 服务并设置开机自启，命令如下：

```
[root@pxe ~]# systemctl start tftp
[root@pxe ~]# systemctl enable tftp
Created symlink from /etc/systemd/system/sockets.target.wants/tftp.
socket to /usr/lib/systemd/system/tftp.socket.
```

⑤ 准备引导程序文件。

安装 syslinux 服务（PXE 引导程序由 syslinux 服务提供），命令如下：

```
[root@pxe yum.repos.d]# yum install -y syslinux
... ...
//忽略输出
... ...
已安装：
  mtools-4.0.24-1.ky10.x86_64 syslinux-6.04-5.ky10.x86_64 syslinux-
nonlinux-6.04-5.ky10.noarch

完毕！
```

PXE 的引导程序文件 pxelinux.0 存放在/usr/share/syslinux/目录下，将该文件复制到 TFTP 服务的默认共享目录下，命令如下：

```
[root@pxe yum.repos.d]# cp /usr/share/syslinux/pxelinux.0 /var/lib/
tftpboot/
```

准备内核文件，以及初始化镜像：

```
[root@pxe yum.repos.d]# cd /mnt/isolinux/
[root@pxe isolinux]# cp ldlinux.c32 vmlinuz initrd.img /var/lib/tftpboot/
[root@pxe isolinux]# cp vesamenu.c32 libcom32.c32 libutil.c32 /var/lib/
tftpboot/
```

此时，查看 TFTP 服务的共享目录应该存在 7 个文件，命令如下：

```
[root@pxe isolinux]# ll /var/lib/tftpboot/
总用量 70408
-r--r--r-- 1 root root 62781368  2月 14 19:07 initrd.img
-r--r--r-- 1 root root   116100  2月 14 19:07 ldlinux.c32
-r--r--r-- 1 root root   180640  2月 14 19:08 libcom32.c32
-r--r--r-- 1 root root    23032  2月 14 19:08 libutil.c32
-rw-r--r-- 1 root root    42929  2月 14 19:06 pxelinux.0
-r--r--r-- 1 root root    26824  2月 14 19:08 vesamenu.c32
-r-xr-xr-x 1 root root  8910720  2月 14 19:07 vmlinuz
```

配置 PXELinux 服务的配置文件，命令如下：

```
[root@pxe isolinux]# cd /var/lib/tftpboot/
```

```
[root@pxe tftpboot]# mkdir pxelinux.cfg
[root@pxe tftpboot]# vi pxelinux.cfg/default
```

default 文件内容如下：

```
default auto
prompt 1
label auto
    kernel vmlinuz
    append initrd=initrd.img  ip=dhcp  inst.repo=ftp://192.168.111.10/
kylinos10
label linux text
    kernel vmlinuz
    append text initrd=initrd.img  ip=dhcp  inst.repo=ftp://192.168.111.
10/kylinos10
label linux rescue
    kernel vmlinuz
    append rescue initrd=initrd.img  ip=dhcp  inst.repo=ftp://192.168.88.
111.10/kylinos10
```

⑥ 配置与启动 FTP 服务。

在使用 PXE 批量部署操作系统时，最后一步需要搭建文件共享服务器，此处使用的是 FTP 服务器，安装 FTP 服务器的命令如下：

```
[root@pxe tftpboot]# yum install -y vsftpd
... ...
//忽略输出
... ...

已安装：
  vsftpd-3.0.3-31.ky10.x86_64
vsftpd-help-3.0.3-31.ky10.x86_64

完毕！
```

首先修改 vsftpd 服务的配置文件，开启匿名用户访问，命令如下：

```
[root@pxe ftp]# vim /etc/vsftpd/vsftpd.conf
anonymous_enable=YES    # 将 NO 改成 YES
```

然后在 FTP 服务器默认共享目录下创建 kylinos10 目录，命令如下：

```
[root@pxe ~]# cd /var/ftp/
[root@pxe ftp]# mkdir kylinos10
```

将原本挂载在/mnt 目录下的 ISO 镜像挂载至/var/ftp/kylinos10 目录下（这一步操作的意义是 PXE Client 节点安装的操作系统就是麒麟服务器操作系统 V10 版本），可以使用如下命令：

```
[root@pxe ftp]# mount /dev/loop0 /var/ftp/kylinos10/
mount: /var/ftp/kylinos10: WARNING: source write-protected, mounted read-
only.
```

启动 FTP 服务并设置开机自启，命令如下：

```
[root@pxe ~]# systemctl start vsftpd
[root@pxe ~]# systemctl enable vsftpd
Created symlink from /etc/systemd/system/multi-user.target.wants/vsftpd.service to /usr/lib/systemd/system/vsftpd.service.
```

至此，PXE 服务的所有服务和配置均安装和修改完成，接下来需要创建 ks.cfg 文件，使安装操作系统的操作可以实现自动化（如果只配置 PXE 服务，那么可以从网络中引导 PXE Client 节点，但是安装操作系统，包括选择语言、设置分区及密码等还需要用户手动操作；如果配置了 Kickstart 文件，即 ks.cfg 文件，那么在安装操作系统时可以无人值守，实现自动化安装）。

⑦ 创建应答文件，预先定义好各种安装配置参数，命令如下：

```
[root@localhost ftp]# cd ~
[root@pxe ~]# cp anaconda-ks.cfg /var/ftp/pub/ks.cfg
[root@pxe ~]# vi /var/ftp/pub/ks.cfg
```

⑧ 修改应答文件的内容，命令如下：

```
# version=DEVEL
# Use graphical install
graphical


// 新增下面这一行
url --url=ftp://192.168.111.10/kylinos10
... ...
//忽略输出
... ...
# Use CDROM installation media
// 将下行进行注释
# cdrom
```

⑨ 配置 ks.cfg 引导文件的权限，命令如下：

```
[root@pxe ~]# chmod 777 /var/ftp/pub/ks.cfg
```

⑩ 修改 PXE 引导文件，与 Kickstart 文件结合使用，命令如下：

```
[root@pxe ~]# vi /var/lib/tftpboot/pxelinux.cfg/default
```

在第 1 个 append 后面新增代码：

```
default auto
prompt 1
label auto
    kernel vmlinuz
    append initrd=initrd.img ip=dhcp inst.repo=ftp://192.168.111.10/kylinos10 inst.ks=ftp://192.168.111.10/pub/ks.cfg
```

⑪ 客户端从 DHCP 服务器中自动获取 IP 地址，通过网络启动程序，加载内核文件，界面将会提示 boot，如图 1-34 所示。

单元 1　麒麟服务器操作系统安装与使用

```
Network boot from Intel E1000
Copyright (C) 2003-2021  VMware, Inc.
Copyright (C) 1997-2000  Intel Corporation

CLIENT MAC ADDR: 00 0C 29 F9 EA 28  GUID: 564D8AEF-8D80-C943-8601-70756DF9EA28
CLIENT IP: 192.168.111.100  MASK: 255.255.255.0  DHCP IP: 192.168.111.10
GATEWAY IP: 192.168.111.254

PXELINUX 6.04 PXE  Copyright (C) 1994-2015 H. Peter Anvin et al
boot:
Loading vmlinuz...
```

图 1-34　引导界面

⑫ 客户端将会按照 ks.cfg 文件的配置内容，全自动化安装系统，整个安装过程无须用户手动干预，如图 1-35 所示。

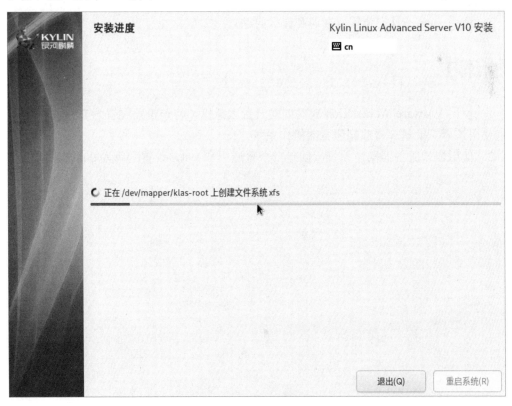

图 1-35　自动安装界面

单元小结

本单元介绍了 Linux 操作系统的起源、发展、特点以及主流的麒麟服务器操作系统发行版本，其中着重介绍了麒麟服务器操作系统。在本单元的任务环节，主要学习了麒麟服务器操作系统的单节点安装和使用 PXE+Kickstart 方式批量部署。在实际工作中，使用 PXE+Kickstart 批量部署麒麟服务器操作系统的方式已被广泛应用，这也是本单元的重点。本单元还对麒麟服务器操作系统进行了简单的使用，介绍了常用命令的使用方法。通过对本单元的学习，读者能够掌握麒麟服务器操作系统的单节点和批量部署方式，同时能对麒麟服务器操作系统进行一定的管理和运维。

课后练习

1．Linux 操作系统的主流发行版本有哪些？
2．麒麟服务器操作系统与 Windows Server 相比有哪些优势？
3．麒麟服务器操作系统的优点有哪些？
4．除了使用 PXE+Kickstart 方式批量部署麒麟服务器操作系统，还有哪些批量部署操作系统的方式？
5．使用 yum 工具安装软件会遇到什么问题？

实训练习

1．使用 VMware Workstation 软件创建一台虚拟机，将该机器配置为 PXE 的母机，要求能使用该母机批量部署麒麟服务器操作系统。
2．使用麒麟服务器操作系统，创建一个普通用户 test，设置密码为 000000。

单元 2

麒麟服务器操作系统基本管理

单元描述

麒麟服务器操作系统是一个功能强大的多用户、分时、多任务操作系统,其核心设计理念是一切皆文件。在麒麟服务器操作系统中,任何设备、文件等都被视为一个文件,这样做的好处是方便对文件进行管理和使用。为了更好地管理文件,麒麟服务器操作系统创建了多个目录来分类存储文件,这使得用户可以轻松地查看、使用和搜索文件。

在麒麟服务器操作系统中,RPM 是默认的软件包管理工具,它提供了安装、删除、更新、查询和验证软件的功能,为用户提供了便利。同时,麒麟服务器操作系统提供了 yum 工具,使用户可以更轻松地管理软件包。

本单元重点介绍麒麟服务器操作系统中用户与组管理、文件与目录管理,以及如何快速定位文件和文件夹所在位置的相关指令。此外,还介绍如何使用 systemctl 来管理麒麟服务器操作系统中的软件。通过学习本单元的内容,读者将掌握麒麟服务器操作系统下的基本操作和管理技能,为日后的工作打下良好的基础。

1. 知识目标

① 了解麒麟服务器操作系统目录结构的特点;
② 了解工作目录、用户主目录及路径的概念;
③ 熟悉麒麟服务器操作系统的文件类型;
④ 掌握目录、文件的常用操作命令的使用方法;
⑤ 了解麒麟服务器操作系统的服务管理工具。

2. 能力目标

① 能够使用目录操作命令维护与管理目录;
② 能够使用文件操作命令维护与管理文件。

3. 素养目标

① 培养以科学思维审视专业问题的能力;
② 培养实际动手操作与团队合作的能力。

任务分解

本单元的主要目的是让读者全面掌握麒麟服务器操作系统的关键使用技能，包括用户与组管理、文件与目录管理、软件安装与卸载、进程与日志服务管理方面的内容。为了方便读者学习，本单元设置了 4 个任务，带读者逐步深入了解麒麟服务器操作系统的各个方面，任务分解如表 2-1 所示。

表 2-1 任务分解

任 务 名 称	任 务 目 标	学 时 安 排
任务 1 用户与组管理	能掌握用户与组管理命令	2
任务 2 文件快速定位与管理	能对文件进行定位与管理	2
任务 3 软件安装与卸载	能完成麒麟服务器操作系统的软件安装与卸载	2
任务 4 基于 systemctl 管理服务	能掌握 systemctl 工具	2
总计		8

知识准备

1．用户与组管理

在麒麟服务器操作系统中，用户与组管理是系统管理的重要内容之一。用户与组是系统中的基本组成单位，用户用于身份认证和资源管理，组用于用户权限的划分。在麒麟服务器操作系统中，每个用户与组都有一个唯一的标识符，即 UID 和 GID，这些标识符在系统中用于区分不同的用户与组。

在麒麟服务器操作系统中，用户与组管理主要涉及以下几个方面。

（1）用户管理：包括添加、修改、删除用户账号，设置用户密码、用户 UID 和 GID、用户家目录等。

（2）组管理：包括添加、修改、删除组账号，设置组 GID、组成员等。

（3）用户与组权限管理：在麒麟服务器操作系统中，每个文件和目录都有一个所有者和一个所属组，文件和目录的访问权限由文件的所有者、所属组和其他用户 3 个维度来控制，分别对应 3 种权限，即读、写、执行。

通过用户与组管理，可以实现对系统资源的分配、权限控制和管理，从而保障系统的安全和稳定。

2．文件与目录管理

文件与目录是操作系统中基本的概念，麒麟服务器操作系统的文件与目录管理功能强大，可以轻松管理各种类型的文件与目录。下面将介绍麒麟服务器操作系统下的文件与目录管理，包括文件与目录的创建、复制、移动、删除、查找和权限管理等。

（1）文件与目录的基本概念

文件是操作系统中最基本的存储单位，是对信息的抽象描述，可以存储文本、图片、视频等各种类型的资源。目录是一种特殊的文件，用于存储其他文件和目录。

（2）文件与目录的创建、复制、移动和删除

在麒麟服务器操作系统中，可以使用命令行工具或者图形用户界面来创建、复制、移动和删除文件与目录，常用的命令如下。

创建文件：使用 touch 命令创建一个空文件，例如，touch file.txt。

创建目录：使用 mkdir 命令创建一个新目录，例如，mkdir mydir。

复制文件或目录：使用 cp 命令将一个文件或目录复制到另一个位置，例如，cp file.txt /home/user/。

移动文件或目录：使用 mv 命令将一个文件或目录移动到另一个位置，例如，mv file.txt /home/user/。

删除文件或目录：使用 rm 命令删除一个文件或目录，例如，rm file.txt 或者 rm -r mydir（在删除目录时需要加上-r 选项）。

（3）文件与目录的查找

在麒麟服务器操作系统中，可以使用 find 命令查找文件或目录，常用的命令如下。

查找文件：使用 find 命令查找指定名称的文件，例如，find / -name file.txt。

查找目录：使用 find 命令查找指定名称的目录，例如，find / -type d -name mydir。

（4）文件与目录的权限管理

在麒麟服务器操作系统中，文件与目录的权限管理非常重要，可以使用 chmod 命令来设置文件与目录的权限，常用的命令如下。

修改文件或目录的所有者：使用 chown 命令修改文件或目录的所有者，例如，chown user file.txt。

修改文件或目录的权限：使用 chmod 命令修改文件或目录的权限，例如，chmod 644 file.txt（表示允许所有者读/写文件，其他人只能读取文件）。

3. 软件安装与卸载

麒麟服务器操作系统提供了多种软件安装和管理工具，其中常用的是 RPM 和 yum。RPM 是 Linux 操作系统中的一个软件包管理工具，可以用于安装、升级、卸载和查询软件包，RPM 软件包具有自身的依赖性和版本信息。yum 是基于 RPM 的自动软件包管理器，可以自动处理 RPM 软件包之间的依赖关系，并从指定的软件仓库中获取和安装软件包。

在麒麟服务器操作系统中，可以使用命令行工具 yum 安装和卸载软件包。使用 yum 安装软件包的命令为 yum install package_name，卸载软件包的命令为 yum remove package_name，其中 package_name 为软件包名称。

除了 yum 工具，麒麟服务器操作系统还提供了图形化软件包管理工具，如麒麟服务器操作系统软件中心，可以通过图形化界面来安装和管理软件包。

在安装软件包时，需要注意软件包之间的依赖关系。如果一个软件包依赖于其他软件包，那么在安装该软件包时，系统会自动安装其依赖的软件包。同样地，如果一个软件包被其他软件包依赖，那么在卸载该软件包时，系统会提示用户是否继续，以避免出现依赖

软件包无法正常工作的情况。

在麒麟服务器操作系统中，可以使用命令 rpm -q package_name 查询软件包是否已经安装，以及软件包的版本信息等。同时，麒麟服务器操作系统提供了软件包签名验证机制，以确保安装的软件包没有被篡改。

4．进程与日志服务管理

麒麟服务器操作系统提供了多种工具来管理系统进程与日志服务。通过管理系统进程，用户可以掌握系统中正在运行的程序的情况，以便进行诊断和调试。而对于日志服务的管理，则可以获取关键的系统运行信息，以便进行故障排除和性能优化。

在麒麟服务器操作系统中管理进程和日志服务的主要工具包括以下 4 种。

①ps：显示系统中正在运行的进程信息，包括进程 ID、进程状态、运行时间等。

②top：动态显示系统中正在运行的进程信息，并按照 CPU 和内存使用情况进行排序。

③systemctl：用于管理系统服务，包括启动、停止、重启和查询服务状态等操作。

④journalctl：用于查询系统日志，可以根据关键字、时间范围等条件进行搜索和过滤。

任务 1　用户与组管理

1．任务描述

通过使用账号，系统管理员可以限制不同用户对系统资源的使用权限，以确保系统的稳定和安全运行。同时，用户可以通过账号来保护自己的个人数据和文件，以避免出现未经授权的访问或遭受损失。

因此，对于 Linux 操作系统来说，账号是一个非常重要的组成部分，可以帮助用户和系统管理员更好地管理和使用系统资源，确保系统的稳定和安全运行。

2．任务分析

（1）节点规划

使用麒麟服务器操作系统进行节点规划，如表 2-2 所示。

表 2-2　节点规划

IP 地址	主 机 名	节　　点
192.168.111.10	localhost	麒麟服务器操作系统服务器端

（2）基础准备

使用 VMware Workstation 最小化安装一台虚拟机，配置使用 1vCPU/2GB 内存/40GB 硬盘，镜像使用 Kylin-Server-10-SP2-Release-Build09-20210524-x86_64.iso，网络使用 NAT 模式，并将 NAT 模式的网段配置成 192.168.111.0/24。虚拟机安装完成之后，配置虚拟机的 IP 地址（用户可自行配置 IP 地址，此处配置的 IP 地址为 192.168.111.10），并使用远程连接工具进行连接。

3．任务实施

（1）useradd 命令

useradd 命令用于创建 Linux 操作系统用户账号，建立好的账号信息存放在/etc/passwd 文件中，常用参数及其功能如表 2-3 所示。

表 2-3 useradd 命令的常用参数及其功能

参　　数	功　　能
-d	设定用户登录时所在的目录
-D	更改默认值
-e	设定用户账号的有效期限
-f	设定用户密码的有效期限
-g	设定用户所属的组
-G	设定用户所属的附加组
-m	自动创建用户宿主目录
-M	不自动创建用户宿主目录
-s	设定用户的系统属性，例如，是否可以登录 Shell
-u	设定用户 UID

useradd 命令的语法格式为：

```
useradd [options] [用户账号]
```

例如，指定用户家目录为/home/abc：

```
useradd -d /home/abc sam
```

例如，指定用户 UID 为 100：

```
useradd -u 100 sam
```

（2）userdel 命令

userdel 命令用于删除用户及其相关的用户文件，语法格式为：

```
userdel [options] [用户账号]
```

常用参数及其功能如表 2-4 所示。

表 2-4 userdel 命令的常用参数及其功能

参　　数	功　　能
-f	强制删除用户
-r	删除用户宿主目录及邮件池

例如，删除用户 sam：

```
userdel sam
```

（3）passwd 命令

passwd 命令用于设定或修改用户密码，语法格式为：

```
passwd [options] [用户账号]
```

常用参数及其功能如表 2-5 所示。

表 2-5 passwd 命令的常用参数及其功能

参　　数	功　　能
-d	删除用户密码
-l	锁定用户账号名称
-u	解除账号锁定状态

例如，删除 sam 用户的密码，语法格式为：

```
[root@localhost ~]# passwd -d sam1
删除用户的密码 sam1。
passwd: 注：删除密码也就是将该密码解锁。
passwd: 操作成功
```

（4）usermod

usermod 命令用来修改用户的属性，语法格式为：

```
userdel [options] [用户账号]
```

常用参数及其功能如表 2-6 所示。

表 2-6 usermod 命令的常用参数及其功能

参　　数	功　　能
-d	更改用户宿主目录
-g	更改用户的主要属组
-G	设定用户属于哪些组
-s	更改用户的 Shell
-u	更改用户的 UID

例如，将用户 aaa 的宿主目录修改为/home/bbs：

```
usermod -d /home/bbs aaa
```

（5）groupadd、groupdel 和 groupmod 命令

groupadd、groupdel 和 groupmod 命令主要用于对组进行相关操作，具体语法格式为：

```
groupadd   [options]  组名
groupdel   [options]  组名
groupmod   [options]  组名
```

例如，添加一个组：

```
groupadd group1
```

例如，删除一个组：

```
groupdel group1
```

例如，更改一个组的 GID 为 102：

```
groupmod -g 102 group1
```

（6）who、id 和 whoami 命令

who、id 和 whoami 命令主要用于进行用户查询。
- who：查询并报告当前系统中登录的所有用户。
- id：显示用户的 ID 信息。
- whoami：显示当前终端上的用户名。

示例如下：

```
[root@localhost ~]# who
root     pts/0        2023-02-14 21:55 (192.168.111.1)
[root@localhost ~]# whoami
root
[root@localhost ~]# id
用户 id=0(root) 组 id=0(root) 组=0(root)
```

任务 2　文件快速定位与管理

1．任务描述

麒麟服务器操作系统的设计理念是一切皆文件，即将所有设备、文件等按照文件的方式进行表示。为了方便用户管理文件，麒麟服务器操作系统创建了许多目录，按照类别对文件进行存储，以方便用户后期使用和查找。

在银河麒麟高级服务器操作系统 V10 中，用户可以创建多个目录来存放自己的文件。在命令行界面中，用户可以使用一系列命令来管理目录及文件，包括创建、删除、移动、复制、重命名等操作，以便更好地管理和组织自己的文件。

通过学习和掌握管理文件及目录的相关命令，用户可以更加高效地管理文件及目录，提升工作效率和质量。同时，可以避免因为文件管理不当而出现的误删或丢失等问题，保障数据安全和稳定。

2．任务分析

（1）节点规划

使用麒麟服务器操作系统进行节点规划，如表 2-7 所示。

表 2-7　节点规划

IP 地址	主　机　名	节　　点
192.168.111.10	localhost	麒麟服务器操作系统服务器端

（2）基础准备

使用 VMware Workstation 最小化安装一台虚拟机，配置使用 1vCPU/2GB 内存/40GB 硬盘，镜像使用 Kylin-Server-10-SP2-Release-Build09-20210524-x86_64.iso，网络使用 NAT 模式，并将 NAT 模式的网段配置成 192.168.111.0/24。虚拟机安装完成之后，配置虚拟机的 IP 地址（用户可自行配置 IP 地址，此处配置的 IP 地址为 192.168.111.10），并使用远程连接工

具进行连接。

3．任务实施

（1）cp 命令

cp 为英文单词 copy 的缩写，该命令用于将一个或多个文件或目录复制到指定位置，也常用于文件的备份工作，常用参数及其功能如表 2-8 所示。

表 2-8 cp 命令的常用参数及其功能

参数	功能
-f	若目标文件已存在，则会直接覆盖源文件
-i	若目标文件已存在，则会询问是否覆盖源文件
-p	保留源文件或目录的所有属性
-r	递归复制文件或目录
-d	当复制符号链接时，把目标文件或目录也建立为符号链接，并指向与源文件或目录连接的原始文件或目录
-l	对源文件建立硬链接，而非复制文件
-s	对源文件建立符号链接，而非复制文件
-b	在覆盖已存在的目标文件前先将目标文件备份
-v	详细显示 cp 命令执行的操作过程
-a	等价于"pdr"选项

cp 命令的语法格式为：

```
cp [参数] 源文件 目标文件
```

例如，在当前工作目录中，将某个文件复制一份，并定义新的文件名称：

```
cp anaconda-ks.cfg kickstart.cfg
```

例如，在当前工作目录中，将某个目录复制一份，并定义新的目录名称：

```
cp -r dir1 di2
```

例如，在复制某个文件时，保留其原始权限及用户归属信息：

```
cp -a kickstart.cfg ks.cfg
```

（2）pwd 命令

pwd 为英文词组 print working directory 的缩写，该命令的作用是显示当前工作目录的路径，即显示所在位置的绝对路径。

例如，查看当前工作目录的路径：

```
[root@kylin~]# pwd
/root/
```

（3）mkdir 命令

mkdir 为英文词组 make directories 的缩写，该命令的作用是创建目录，常用参数及其功能如表 2-9 所示。

表 2-9　mkdir 命令的常用参数及其功能

参　　数	功　　能
-p	递归创建多级目录
-m	在创建目录的同时设置目录的权限
-z	设置安全上下文
-v	显示目录的创建过程

mkdir 命令的语法格式为：

```
mkdir [参数] 目录
```

例如，在当前工作目录中建立一个目录：

```
mkdir dir1
```

例如，创建一个目录并为其设置 700 权限，不让除所有者以外的任何人读、写、执行它：

```
mkdir -m 700 dir2
```

例如，在当前工作目录中一次性创建多个目录：

```
mkdir dir3 dir4 dir5
```

（4）ls 命令

ls 是常用的 Linux 命令之一，为英文单词 list 的缩写，也正如 list 单词的英文意思，其功能是列举出指定目录下的文件名称及其属性，常用参数及其功能如表 2-10 所示。

表 2-10　ls 命令的常用参数及其功能

参　　数	功　　能
-a	显示所有文件及目录（包括以"."开头的隐藏文件）
-l	使用长格式列出文件及目录的详细信息
-r	将文件以相反顺序显示（默认按英文字母排序）
-t	根据最后的修改时间排序
-A	同 -a，但不列出"."（当前目录）及".."（父目录）
-S	根据文件大小排序
-R	递归列出所有子目录
-d	查看目录的信息，而不是里面子文件的信息
-i	输出文件的 inode（节点）信息
-m	水平列出文件，以逗号间隔
-X	按文件扩展名排序
--color	输出信息中带着色效果

ls 命令的语法格式为：

```
ls [参数] [文件]
```

例如，输出当前目录中的文件（含隐藏文件）：

```
[root@kylin ~]# ls -a
```

```
.  anaconda-ks.cfg   .bash_logout   .bashrc   .gnupg
kickstart.cfg                                           .tcshrc
..  .bash_history   .bash_profile   .cshrc   initial-setup-ks.cfg   Kylin-
Server-10-SP2-Release-Build09-20210524-x86_64.iso   .viminfo
```

例如，使用长格式输出文件的详细信息：

```
[root@kylin ~]# ls -l
总用量 4243856
-rw-------  1 root root       2550  2月 14 02:18 anaconda-ks.cfg
-rw-r--r--  1 root root       2850  2月 14 02:25 initial-setup-ks.cfg
-rw-------  1 root root       2550  2月 15 02:30 kickstart.cfg
-rw-r--r--  1 root root 4345694208  2月 13 23:47 Kylin-Server-10-SP2-
Release-Build09-20210524-x86_64.iso
```

例如，输出指定目录中的文件列表：

```
[root@kylin ~]# ls /mnt
EFI   images   isolinux   LICENSE   manual   Packages   repodata   TRANS.TBL
```

（5）rm 命令

rm 为英文单词 remove 的缩写，该命令的作用是删除文件或目录，一次可以删除多个文件，或者递归删除目录及其内的所有子文件，常用参数及其功能如表 2-11 所示。

表 2-11　rm 命令的常用参数及其功能

参数	功能
-f	强制删除（不进行二次确认）
-i	删除前会询问用户是否进行操作
-r/R	递归删除
-v	显示指令的详细执行过程

rm 命令的语法格式为：

```
rm [参数] 文件
```

例如，删除某个文件，系统默认会进行二次确认（输入 y 进行确认）：

```
[root@kylin ~]# rm anaconda-ks.cfg
rm: remove regular file 'anaconda-ks.cfg'? y
```

例如，强制删除某个文件，不进行二次确认：

```
[root@kylin ~]# rm -f initial-setup-ks.cfg
```

例如，强制删除某个目录及其内的子文件或子目录：

```
[root@kylin ~]# rm -rf Documents
```

（6）find 命令

find 命令的作用是根据给定的路径和条件查找相关文件或目录，可以使用的参数很多，并且支持正则表达式，结合管道符后能够实现更加复杂的功能。它是系统管理员和普通用户日常工作必须掌握的命令之一，常用参数及其功能如表 2-12 所示。

表 2-12 find 命令的常用参数及其功能

参 数	功 能
-name	匹配名称
-perm	匹配权限
-user	匹配文件的所有者
-group	匹配文件的所有组
-mtime -n +n	匹配修改内容的时间（-n 指 n 天以内，+n 指 n 天以前）
-atime -n +n	匹配访问文件的时间（-n 指 n 天以内，+n 指 n 天以前）
-ctime -n +n	匹配修改文件权限的时间（-n 指 n 天以内，+n 指 n 天以前）
-nouser	匹配无所有者的文件
-nogroup	匹配无所有组的文件
-newer f1 !f2	匹配比文件 f1 新，但比文件 f2 旧的文件
-type b/d/c/p/l/f	匹配文件类型（后面的字母依次表示块设备、目录、字符设备、管道、链接文件、文本文件）
-size	匹配文件的大小（+1MB 表示查找超过 1MB 的文件，-1MB 表示查找小于 1MB 的文件）
-prune	忽略某个目录
-exec …… {}\;	后面可跟用于进一步处理搜索结果的命令

find 命令的语法格式为：

```
find [路径] [参数]
```

例如，全盘搜索系统中所有以.log 结尾的文件：

```
[root@kylin ~]# find / -name *.log
/var/log/audit/audit.log
/var/log/sssd/sssd.log
/var/log/sssd/sssd_implicit_files.log
/var/log/sssd/sssd_nss.log
/var/log/sssd/sssd_pam.log
/var/log/tuned/tuned.log
/var/log/dracut.log
…… ……
//忽略输出
…… ……
/usr/lib/rpm/rpm.log
```

例如，在/etc 目录中搜索所有大于 1MB 的文件：

```
[root@kylin ~]# find /etc -size +1M
/etc/selinux/targeted/policy/policy.31
/etc/udev/hwdb.bin
```

例如，在/home 目录中搜索所有属于 sam1 用户的文件：

```
[root@kylin ~]# find /home -user sam1
/home/abc
/home/abc/.bash_logout
/home/abc/.bash_profile
/home/abc/.bashrc
```

（7）which 命令

which 命令的作用是查找命令文件，能够快速搜索二进制程序所对应的位置，常用参数及其功能如表 2-13 所示。

表 2-13　which 命令的常用参数及其功能

参　数	功　能
-n	指定文件名长度（不含路径）
-a	在 PATH 中打印所有匹配项
-V	显示版本信息

which 命令的语法格式为：

which [参数] 文件

例如，查找某个指定的命令文件所在位置：

```
[root@kylin ~]# which reboot
/usr/sbin/reboot
```

例如，查找多个指定的命令文件所在位置：

```
[root@kylin ~]# which shutdown poweroff
/usr/sbin/shutdown
/usr/sbin/poweroff
```

例如，通过-a 参数查看指定命令的所有文件：

```
[root@kylin ~]# which -a systemctl
/usr/bin/systemctl
```

例如，通过-V 参数查看 which 版本号：

```
[root@kylin ~]# which -V
GNU which v2.21, Copyright (C) 1999 - 2015 Carlo Wood.
GNU which comes with ABSOLUTELY NO WARRANTY;
This program is free software; your freedom to use, change
and distribute this program is protected by the GPL.
```

任务 3　软件安装与卸载

1. 任务描述

在麒麟服务器操作系统上，RPM 是默认的软件包管理工具，用于提供软件的安装、卸载、升级、查询和校验等功能。而 yum 则是基于 RPM 的工具，可以自动下载并安装指定的 RPM 软件包，并自动解决依赖关系，避免了用户手动下载和安装软件包的麻烦。yum 能够同时安装所有依赖的软件包，让安装更加高效和简便，是 Linux 服务器中非常实用的工具之一。通过学习本任务，读者可以快速掌握 yum 工具的使用方法，提高 Linux 服务器的管理和运维效率。

2．任务分析

（1）节点规划

使用麒麟服务器操作系统进行节点规划，如表 2-14 所示。

表 2-14 节点规划

IP 地址	主 机 名	节 点
192.168.111.10	localhost	麒麟服务器操作系统服务器端

（2）基础准备

使用 VMware Workstation 最小化安装一台虚拟机，配置使用 1vCPU/2GB 内存/40GB 硬盘，镜像使用 Kylin-Server-10-SP2-Release-Build09-20210524-x86_64.iso，网络使用 NAT 模式，并将 NAT 模式的网段配置成 192.168.111.0/24。虚拟机安装完成之后，配置虚拟机的 IP 地址（用户可自行配置 IP 地址，此处配置的 IP 地址为 192.168.111.10），并使用远程连接工具进行连接。

3．任务实施

（1）rpm 命令

rpm 命令用于在 Linux 操作系统下对软件包进行安装、卸载、查询、校验、升级等，常用参数及其功能如表 2-15 所示。

表 2-15 rpm 命令的常用参数及其功能

参　　数	功　　能
-b 或-t	设置包装套件的完成阶段，并指定套件档的文件名称
-c	只列出组态配置文件，本参数需配合"-l"参数使用
-d	只列出文本文件，本参数需配合"-l"参数使用
-e	卸载软件包
-f	查询文件或命令属于哪个软件包
-h	安装软件包时列出标记
-i	安装软件包
-l	显示软件包的文件列表
-p	查询指定的 RPM 软件包
-q	查询软件包
-R	显示软件包的依赖关系
-s	显示文件状态，本参数需配合"-l"参数使用
-U	升级软件包
-v	显示命令执行过程
-vv	详细显示命令执行过程
-f	若目标文件已存在，则会直接覆盖源文件

rpm 命令的语法格式为：

rpm [参数] 软件包

例如，要安装一些 RPM 软件包，要进行以下流程：

```
[root@kylin ~]# cp /mnt/Packages/at-3.1.23-6.ky10.x86_64.rpm ~
[root@kylin ~]# rpm -ivh at-3.1.23-6.ky10.x86_64.rpm
警告：at-3.1.23-6.ky10.x86_64.rpm: 头V4 RSA/SHA1 Signature, 密钥 ID 7a486d9f: NOKEY
    Verifying...                     ################################# [100%]
    准备中...                         ################################# [100%]
        软件包 at-3.1.23-6.ky10.x86_64 已经安装
```

例如，显示系统已安装过的全部 RPM 软件包：

```
[root@kylin ~]# rpm -qa
dosfstools-4.2-7.ky10.x86_64
orc-0.4.32-1.ky10.x86_64
python3-decorator-4.4.2-1.ky10.noarch
adobe-source-code-pro-fonts-2.030.1.050-5.ky10.noarch
mailcap-2.1.49-3.ky10.noarch
... ...
//忽略输出
... ...
```

例如，查询某个软件包的安装路径：

```
[root@kylin ~]# rpm -ql at
/etc/at.deny
/etc/pam.d/atd
/etc/sysconfig/atd
/usr/bin/at
/usr/bin/atq
/usr/bin/atrm
... ...
//忽略输出
... ...
```

例如，卸载某个软件包：

```
[root@kylin ~]# rpm -evh at
准备中...                              ################################# [100%]
Removed /etc/systemd/system/multi-user.target.wants/atd.service.
正在清理/删除...
    1:at-3.1.23-6.ky10                 警告：文件 /etc/at.deny: 移除失败：没有那个文件或目录
################################# [100%]
```

例如，升级某个软件包：

```
[root@kylin ~]# rpm -Uvh at-3.1.23-6.ky10.x86_64.rpm
警告：at-3.1.23-6.ky10.x86_64.rpm: 头V4 RSA/SHA1 Signature, 密钥 ID 7a486d9f: NOKEY
```

```
    Verifying...                    ################################
[100%]
    准备中...                       ################################ [100%]
    正在升级/安装...
        1:at-3.1.23-6.ky10           ################################
[100%]
    Created symlink /etc/systemd/system/multi-user.target.wants/atd.service
 → /usr/lib/systemd/system/atd.service.
```

（2）配置 yum 源

首先进入软件源目录，开始编辑文件 KylinOS.repo：

```
[root@localhost ~]# vi /etc/yum.repos.d/KylinOS.repo
```

KylinOS.repo 文件的内容如下：

```
[kylin]
name=kylin
baseurl=file:///mnt
gpgcheck=0
enabled=1
```

然后使用 yum repolist 命令就可以看到目前系统配置的 yum 源：

```
[root@kylin ~]# yum repolist
仓库标识                                                             仓库名称
kylin
kylin
```

（3）yum 命令

yum 命令可以让系统管理员更方便地更新和管理软件包，实现从指定服务器自动下载、更新、删除软件包的功能，该命令的常用参数及其功能如表 2-16 所示。

表 2-16　yum 命令的常用参数及其功能

参　　数	功　　能
-h	显示帮助信息
-y	对所有的提问都回答"yes"
-c	指定配置文件
-q	安静模式
-v	详细模式
-t	检查外部错误
-d	设置调试等级（0～10）
-e	设置错误等级（0～10）
-R	设置处理一个命令的最长等待时间
-C	完全从缓存中运行，而不去下载或者更新任何头文件
install	安装 RPM 软件包
update	更新 RPM 软件包
check-update	检查是否有可用的更新完成的 RPM 软件包

续表

参数	功能
remove	删除指定的 RPM 软件包
list	显示软件包的信息
search	查询软件包的信息
info	显示指定的 RPM 软件包的描述信息和概要信息
clean	清理 yum 过期的缓存
shell	进入 yum 的 Shell 提示符
resolvedep	显示 RPM 软件包的依赖关系
localinstall	安装本地 RPM 软件包
localupdate	显示本地 RPM 软件包并进行更新
deplist	显示 RPM 软件包的所有依赖关系

yum 命令的语法格式为：

```
yum [参数] 软件包
```

例如，安装 httpd 服务及其相关软件包：

```
[root@kylin ~]# yum install -y httpd
... ...
//忽略输出
... ...
已安装:
  apr-1.7.0-2.ky10.x86_64 apr-util-1.6.2-12.ky10.x86_64
httpd-2.4.43-4.p03.ky10.x86_64 httpd-filesystem-2.4.43-4.p03.ky10.noarch
  httpd-help-2.4.43-4.p03.ky10.noarch   httpd-tools-2.4.43-4.p03.ky10.
x86_64   mod_http2-1.15.13-1.ky10.x86_64

完毕!
```

例如，更新 httpd 服务及其相关软件包：

```
[root@kylin ~]# yum update -y httpd
上次元数据过期检查: 0:01:40 前，执行于 2023 年 02 月 15 日 星期三 18 时 31 分 10 秒。
依赖关系解决。
无须任何处理。
完毕!
```

例如，删除 httpd 服务及其相关软件包：

```
[root@kylin ~]# yum remove -y httpd
依赖关系解决。
================================================================
================================================================
=============
 Package                         Architecture            Version
Repository                   Size
```

===
===
=============
 移除：
  httpd   x86_64   2.4.43-4.
p03.ky10   @kylin-http   4.4 M
 清除未被使用的依赖关系：
  apr   x86_64   1.7.0-2.
ky10   @kylin-http   259 k
  apr-util   x86_64   1.6.2-
12.ky10   @kylin-http   310 k
  httpd-filesystem   noarch   2.4.43-
4.p03.ky10   @kylin-http   366
  httpd-help   noarch   2.4.43-
4.p03.ky10   @kylin-http   7.2 M
  httpd-tools   x86_64   2.4.43-
4.p03.ky10   @kylin-http   190 k
  mod_http2   x86_64   1.15.13-
1.ky10   @kylin-http   324 k

 事务概要
===
===
=============
 移除   7 软件包

 将会释放空间：13 M
 运行事务检查
 事务检查成功。
 运行事务测试
 事务测试成功。
 运行事务
   准备中 ：   1/1
   运行脚本: httpd-2.4.43-4.p03.ky10.x86_64   1/1
   运行脚本: httpd-2.4.43-4.p03.ky10.x86_64   1/7
   删除   : httpd-2.4.43-4.p03.ky10.x86_64   1/7
   运行脚本: httpd-2.4.43-4.p03.ky10.x86_64   1/7
   删除   : httpd-tools-2.4.43-4.p03.ky10.x86_64   2/7
   删除   : httpd-filesystem-2.4.43-4.p03.ky10.noarch   3/7

```
  运行脚本：httpd-filesystem-2.4.43-4.p03.ky10.noarch
3/7
  删除      : httpd-help-2.4.43-4.p03.ky10.noarch
4/7
  运行脚本：apr-util-1.6.2-12.ky10.x86_64
5/7
  删除      : apr-util-1.6.2-12.ky10.x86_64
5/7
  运行脚本：apr-util-1.6.2-12.ky10.x86_64
5/7
  运行脚本：apr-1.7.0-2.ky10.x86_64
6/7
  删除      : apr-1.7.0-2.ky10.x86_64
6/7
  运行脚本：apr-1.7.0-2.ky10.x86_64
6/7
  删除      : mod_http2-1.15.13-1.ky10.x86_64
7/7
  运行脚本：mod_http2-1.15.13-1.ky10.x86_64
7/7
  验证      : apr-1.7.0-2.ky10.x86_64
1/7
  验证      : apr-util-1.6.2-12.ky10.x86_64
2/7
  验证      : httpd-2.4.43-4.p03.ky10.x86_64
3/7
  验证      : httpd-filesystem-2.4.43-4.p03.ky10.noarch
4/7
  验证      : httpd-help-2.4.43-4.p03.ky10.noarch
5/7
  验证      : httpd-tools-2.4.43-4.p03.ky10.x86_64
6/7
  验证      : mod_http2-1.15.13-1.ky10.x86_64
7/7

已移除：
  apr-1.7.0-2.ky10.x86_64                      apr-util-1.6.2-12.ky10.x86_64
httpd-2.4.43-4.p03.ky10.x86_64        httpd-filesystem-2.4.43-4.p03.ky10.noarch
  httpd-help-2.4.43-4.p03.ky10.noarch                         httpd-tools-2.4.43-
4.p03.ky10.x86_64    mod_http2-1.15.13-1.ky10.x86_64

完毕！
```

任务 4　基于 systemctl 管理服务

1．任务描述

在麒麟服务器操作系统中，虽然服务（Service）本质上就是进程，但它是以后台模式运行的，通常会监听某个端口，等待其他程序的请求，如 mysql、sshd、防火墙等，因此也被称为守护进程（Daemon）。为了管理这些服务，麒麟服务器操作系统提供了 systemctl 命令。在本任务中，我们将学习如何使用 systemctl 命令来管理麒麟服务器操作系统中的服务。

2．任务分析

（1）节点规划

使用麒麟服务器操作系统进行节点规划，如表 2-17 所示。

表 2-17　节点规划

IP 地址	主 机 名	节　　点
192.168.111.10	localhost	麒麟服务器操作系统服务器端

（2）基础准备

使用 VMware Workstation 最小化安装一台虚拟机，配置使用 1vCPU/2GB 内存/40GB 硬盘，镜像使用 Kylin-Server-10-SP2-Release-Build09-20210524-x86_64.iso，网络使用 NAT 模式，并将 NAT 模式的网段配置成 192.168.111.0/24。虚拟机安装完成之后，配置虚拟机的 IP 地址（用户可自行配置 IP 地址，此处配置的 IP 地址为 192.168.111.10），并使用远程连接工具进行连接。

3．任务实施

systemd 是目前 Linux 操作系统中最新的初始化（initialization）系统，作用是提高系统的启动速度，尽可能启动较少的进程，使更多进程并发启动。systemctl 命令的常用参数及其功能如表 2-18 所示。

表 2-18　systemctl 命令的常用参数及其功能

参　　数	功　　能
start	启动服务
stop	停止服务
restart	重启服务
enable	使某服务开机自启
disable	关闭某服务的开机自启功能
status	查看服务状态
mask	屏蔽服务
unmask	解除被屏蔽的服务
list-units --type=service	列举所有已启动的服务

systemctl 命令的语法格式为：

systemctl 参数 服务

例如，启动名为 sshd 的服务：

```
[root@kylin ~]# systemctl start sshd
```

例如，重启名为 sshd 的服务：

```
[root@kylin ~]# systemctl restart sshd
```

例如，查看名为 sshd 的服务的运行状态：

```
[root@kylin ~]# systemctl status sshd
● sshd.service - OpenSSH server daemon
   Loaded: loaded (/usr/lib/systemd/system/sshd.service; enabled; vendor preset: enabled)
   Active: active (running) since Wed 2023-02-15 15:31:59 CST; 1h 14min ago
     Docs: man:sshd(8)
           man:sshd_config(5)
 Main PID: 1027 (sshd)
    Tasks: 1
   Memory: 6.1M
   CGroup: /system.slice/sshd.service
           └─1027 sshd: /usr/sbin/sshd -D [listener] 0 of 10-100 startups

2月 15 16:42:27 localhost sshd[17644]: pam_unix(sshd:session): session opened for user root(uid=0) by (uid=0)
2月 15 16:42:27 localhost sshd[17644]: User child is on pid 17646
2月 15 16:44:07 kylin sshd[17722]: rexec line 144: Deprecated option RSAAuthentication
2月 15 16:44:07 kylin sshd[17722]: rexec line 146: Deprecated option RhostsRSAAuthentication
2月 15 16:44:07 kylin sshd[17722]: Connection from 192.168.111.1 port 1485 on 192.168.111.10 port 22 rdomain ""
2月 15 16:44:07 kylin sshd[17722]: reprocess config line 144: Deprecated option RSAAuthentication
2月 15 16:44:07 kylin sshd[17722]: reprocess config line 146: Deprecated option RhostsRSAAuthentication
2月 15 16:44:07 kylin sshd[17722]: Accepted password for root from 192.168.111.1 port 1485 ssh2
2月 15 16:44:07 kylin sshd[17722]: pam_unix(sshd:session): session opened for user root(uid=0) by (uid=0)
2月 15 16:44:07 kylin sshd[17722]: User child is on pid 17724..
```

例如，将名为 httpd 的服务加入开机启动项：

```
[root@kylin ~]# systemctl enable httpd
Created symlink /etc/systemd/system/multi-user.target.wants/httpd.service → /usr/lib/systemd/system/httpd.service.
```

例如，显示系统中所有已启动的服务：

```
[root@kylin ~]# systemctl list-units --type=service
  UNIT                          LOAD   ACTIVE SUB     DESCRIPTION
  auditd.service                loaded active running Security Auditing Service
  bluetooth.service             loaded active running Bluetooth service
  chronyd.service               loaded active running NTP client/server
  crond.service                 loaded active running Command Scheduler
  dbus.service                  loaded active running D-Bus System Message Bus
  dhcpd.service                 loaded active running DHCPv4 Server Daemon
  dracut-shutdown.service       loaded active exited  Restore /run/initramfs on shutdown
  getty@tty1.service            loaded active running Getty on tty1
  ... ...
  //忽略输出
  ... ...
```

例如，屏蔽名为 vsftpd 的服务，使其永久不能启动：

```
[root@kylin ~]# systemctl mask vsftpd
Created symlink /etc/systemd/system/vsftpd.service → /dev/null.
```

例如，解除被屏蔽的名为 vsftpd 的服务，使服务可以正常开启：

```
[root@kylin ~]# systemctl unmask vsftpd
Removed /etc/systemd/system/vsftpd.service.
```

单元小结

本单元介绍了麒麟服务器操作系统的用户与组管理、文件与目录管理、软件安装与卸载、进程和日志服务管理内容，读者将会掌握如何使用 rpm 命令管理软件包、使用 yum 源安装 RPM 软件包、使用 systemctl 命令管理系统服务、使用 useradd、groupadd 等命令管理系统用户和用户组，以及如何使用常见的目录、文件操作命令和文件内容命令等进行相关操作。通过本单元的学习，读者能够掌握麒麟服务器操作系统的基本管理和运维技能，从而提高系统的稳定性和安全性。

课后练习

1. 可用于查看文件内容的命令有哪些？这些命令各有什么特点？
2. 在目录的特殊权限中，粘滞位权限有什么作用？
3. 简述 rpm 命令和 yum 命令具有哪些作用。
4. 简述软件、服务和进程之间的关系。

实训练习

1. 配置本地 yum 源，安装 Nginx 服务，并查看对应状态。
2. 创建一个名为 test111 的用户，设置其家目录为/temp，UID 为 1002。
3. 在第 2 层和第 4 层子目录之间查找 passwd 文件。
4. 依次执行命令创建 GID 为 10011、名为 admin 的组账号，并添加 adm、daemon 为成员用户。

单元 3

麒麟服务器操作系统服务管理

单元描述

Linux 操作系统是服务器系统的首选，主要原因是其具有高度的稳定性且不易感染病毒。Linux 操作系统内置了功能强大的命令行工具，具有开放的源代码和高度的可定制性，用户不必担心系统的安全问题。此外，Linux 操作系统还提供了大量免费的服务，可以帮助用户快速搭建各种服务器系统。

本单元的目标是让读者掌握麒麟服务器操作系统常用的基础服务，并介绍系统安全与防火墙原理。读者将学习如何部署、配置和使用 FTP 服务、NFS 服务及 MySQL，为深入学习麒麟服务器操作系统打下坚实的基础。

1．知识目标

①了解系统安全与防火墙原理；
②了解 FTP 服务的优点和使用场景；
③了解 NFS 服务的优点和使用场景；
④了解 MySQL 的优点和使用场景。

2．能力目标

①能进行 FTP 服务的安装、配置与使用；
②能进行 NFS 服务的安装、配置与使用；
③能进行 MySQL 的安装、配置与使用。

3．素养目标

①培养以科学思维审视专业问题的能力；
②培养实际动手操作与团队合作的能力。

任务分解

本单元旨在让读者掌握麒麟服务器操作系统基础服务的安装与使用，为了方便读者学习，本单元设置了 4 个任务，分别为系统安全加固实践、FTP 服务的安装与使用、NFS 服务的安装与使用、MySQL 的安装与使用，任务分解如表 3-1 所示。

表 3-1 任务分解

任务名称	任务目标	学时安排
任务 1 系统安全加固实践	能进行基本的安全加固	2
任务 2 FTP 服务的安装与使用	能安装 FTP 服务并使用	2
任务 3 NFS 服务的安装与使用	能安装 NFS 服务并使用	2
任务 4 MySQL 的安装与使用	能安装 MySQL 并使用	2
总计		8

知识准备

1．系统安全与防火墙原理

银河麒麟服务器操作系统 V10 默认使用了 firewall，由 firewalld 提供了支持网络/防火墙区域（Zone）定义网络连接及接口安全等级的动态防火墙管理工具，区域名称和规则策略如表 3-2 所示。

表 3-2 区域名称和规则策略

区域名称	规则策略
trusted	受信任区域，允许通过所有数据包
home	默认拒绝进入的数据流（与出去的数据流相关则排除），默认允许通过 SSH、DHCP、MDSN 等数据流
internal	与 home 区域的规则相同
work	默认拒绝进入的数据流（与出去的数据流相关则排除）
public	默认拒绝进入的数据流（与出去的数据流相关则排除），默认允许通过 SSH 和 DHCP 服务
external	默认拒绝进入的数据流（与出去的数据流相关则排除），默认允许通过 SSH 服务
dmz	默认拒绝进入的数据流（与出去的数据流相关则排除）
block	默认拒绝进入的数据流（与出去的数据流相关则排除）
drop	默认拒绝进入的数据流（与出去的数据流相关则排除）

Linux 操作系统可以分为内核层和用户层。用户层通过内核层提供的操作接口来执行各类任务。内核层提供的权限划分、进程隔离和内存保护等安全功能，是用户层的安全基础。

一旦内核安全被突破（比如黑客能够修改内核逻辑），黑客就可以任意地变更权限、操作进程和获取内存了。这个时候，任何用户层的安全措施都是没有意义的。既然 Linux 操作系统的内核安全这么重要，那么我们是不是要在防护上付出大量的精力呢？

事实上，正如我们不需要在开发应用时（尤其是在使用 Java 这类相对高层的语言时）过多地关心与操作系统相关的内容一样，我们在考虑 Linux 操作系统的安全时，也不需要过多地考虑内核层的安全，而要更多地考虑用户层的安全。所以，对于 Linux 内核层的安全，我们只需要按照插件漏洞的防护方法，确保使用官方的镜像并保持更新就足够了。

2. FTP 服务与 NFS 服务

FTP 服务

（1）FTP 简介

FTP 服务是 Internet 上最早应用于主机之间数据传输的基本服务之一。FTP 服务的一个非常重要的特点是实现可独立的平台，也就是说，在 UNIX、macOS、Windows 等操作系统中都可以实现 FTP 服务的客户端和服务器。尽管目前已经普遍采用 HTTP 方式传输文件，但 FTP 服务仍然是跨平台直接传输文件的主要方式。

文件传输协议（FTP）定义了一个在远程计算机系统和本地计算机系统之间传输文件的标准。FTP 运行在 OSI 模型的应用层，并利用传输控制协议（TCP）在不同的主机之间进行可靠的数据传输。在实际的传输中，FTP 靠 TCP 来保证数据传输的正确性，并在发生错误的情况下，对错误进行相应的修正。FTP 还具有一个重要的特点，即支持断点续传，这可以大幅地减少 CPU 和网络带宽的开销。

（2）FTP 工作原理

FTP 协议是一个客户机/服务器系统。用户通过一个支持 FTP 协议的客户机程序，连接到远程主机上的 FTP 服务器程序。用户通过客户机程序向服务器程序发出命令，服务器程序执行用户所发出的命令，并将执行结果返回客户机。FTP 独特的双端口连接结构的优点在于，两个连接可以选择不同的、合适的服务质量。例如，对控制连接来说，它需要更短的延迟时间；对数据连接来说，它需要更大的数据吞吐量，而且可以避免出现数据流中命令的透明性及逃逸。

控制连接主要用来传输在实际通信过程中需要执行的 FTP 命令和命令的响应。控制连接是在执行 FTP 命令时，由客户端发起的通往 FTP 服务器的连接。控制连接并不传输数据，只用来传输控制连接传输的 FTP 命令及其响应。因此，控制连接只需要占用很小的网络带宽。在通常情况下，FTP 服务器监听端口号 21 来等待控制连接建立请求。控制连接建立以后并不立即建立数据连接，服务器会通过一定的方式来验证用户的身份，以决定是否可以建立数据连接。

在 FTP 连接期间，控制连接始终保持通畅的连接状态，而数据连接是在显示目录列表、传输文件时被临时建立的，并且每次客户端都使用不同的端口号建立数据连接。一旦传输完毕，就中断这条临时的数据连接。数据连接用来传输用户的数据。在客户端要求进行目录列表显示、文件上传和下载等操作时，客户端和服务器端将建立一条数据连接。这里的数据连接是全双工的，允许同时进行双向的数据传输，即客户端和服务器端都可能是数据发送者。这里特别指出，数据连接存在时，控制连接肯定是存在的，一旦控制连接断开，数据连接就会自动关闭。

（3）VSFTP 软件介绍

VSFTP（Very Secure FTP）是一款非常安全的 FTP 软件。该软件是基于 GPL 开发的，被设计为 Linux 操作系统平台下稳定、快速、安全的 FTP 软件，它支持 IPv6 及 SSL 加密。VSFTP 软件的安全性主要体现在 3 个方面：进程分离、处理不同任务的进程彼此是独立运行的、进程运行时均以最小权限运行。多数进程都使用 chroot 进行了禁锢，以防止客户访问非法共享目录，这里的 chroot 是改变根的一种技术，如果用户通过 VSFTP 软件共享了/var/ftp/目录，则该目录对客户端而言就是共享的根目录。

（4）数据传输模式

按照建立数据连接的方式不同，可以把 FTP 分成两种模式：主动模式（Active FTP）和被动模式（Passive FTP）。

在主动模式下，FTP 客户端首先随机开启一个大于 1024 的端口 N 向服务器端的 21 号端口发起连接，然后开放 $N+1$ 号端口进行监听，并向服务器端发出 PORT $N+1$ 指令。服务器端收到指令后，会用其本地的 FTP 数据端口（默认是 20）来连接客户端指定的端口 $N+1$ 进行数据传输。在主动模式下，FTP 的数据连接和控制连接的方向是相反的。也就是说，服务器端向客户端发起一个用于数据传输的连接。客户端的连接端口是由服务器端和客户端通过协商确定的。

在被动模式下，FTP 客户端首先随机开启一个大于 1024 的端口 N 向服务器端的 21 号端口发起连接，同时会开启 $N+1$ 号端口，然后向服务器端发送 PASV 指令，通知服务器端自己处于被动模式。服务器端收到指令后，会开启一个大于 1024 的端口 P 进行监听，然后用 PORT P 指令通知客户端自己的数据端口是 P。客户端收到指令后，会通过 $N+1$ 号端口连接服务器端的端口 P，然后在两个端口之间进行数据传输。在被动模式下，FTP 的数据连接和控制连接的方向是一致的。也就是说，客户端向服务器端发起一个用于数据传输的连接。客户端的连接端口是发起这个数据连接请求时使用的端口。

（5）FTP 的典型消息

在 FTP 客户机程序与 FTP 服务器程序进行通信时，经常会看到一些由 FTP 服务器发送的消息，这些消息是由 FTP 协议定义的。表 3-3 列出了一些典型的 FTP 消息。

表 3-3　典型的 FTP 消息

消 息 号	含 义	消 息 号	含 义
125	数据连接打开，传输开始	425	不能打开数据连接
200	命令 OK	426	数据连接被关闭，传输被中断
226	数据传输完毕	452	写入文件错误
331	用户名 OK，需要输入密码	500	语法错误，不可识别的命令

（6）FTP 服务的使用者

根据 FTP 服务器的服务对象不同，可以将 FTP 服务的使用者分为 3 类。

① 本地用户（Real 用户）。

如果用户在远程 FTP 服务器上拥有 Shell 登录账号，则称此用户为本地用户。本地用户可以通过输入自己的账号和密码来进行授权登录。当授权访问的本地用户登录系统后，其登录目录为用户自己的家目录（$HOME）。本地用户既可以下载又可以上传。

② 虚拟用户（Guest 用户）。

如果用户在远程 FTP 服务器上拥有账号，且此账号只能用于文件传输服务，则称此用户为虚拟用户或 Guest 用户。通常，虚拟用户使用与系统用户分离的用户认证文件。虚拟用户可以通过输入自己的账号和密码进行授权登录。当授权访问的虚拟用户登录系统后，其登录目录是 VSFTP 软件为其指定的目录。在通常情况下，虚拟用户既可以下载又可以上传。

③ 匿名用户（Anonymous 用户）。

如果用户在远程 FTP 服务器上没有注册账号，则称此用户为匿名用户。如果 FTP 服务器提供匿名访问功能，则匿名用户可以通过输入账号（anonmous 或 ftp）和密码（用户自己的 E-mail 地址）进行登录。当匿名用户登录系统后，其登录目录为匿名 FTP 服务器的根目录（默认为/var/ftp）。在一般情况下，匿名 FTP 服务器只提供下载功能，不提供上传功能或使上传受到一定的限制。

NFS 服务

（1）NFS 概念

NFS（网络文件系统）提供了一种在类 UNIX 操作系统上共享文件的方法。目前 NFS 有 3 个版本：NFSv2、NFSv3、NFSv4。CentOS 7 默认使用 NFSv4 提供服务，其优点是提供了有状态的连接，更容易追踪连接状态，增强了安全性。NFS 在 TCP 2049 端口上被监听。客户端通过挂载的方式将 NFS 服务器端共享的数据目录挂载到本地目录下。在客户端看来，使用 NFS 的远端文件就像在使用本地文件一样，只要具有相应的权限就可以使用各种文件操作命令（如 cp、cd、mv 和 rm 等），对共享的文件进行相应的操作。Linux 操作系统既可以作为 NFS 服务器也可以作为 NFS 客户端，这就意味着它可以把文件系统共享给其他系统，也可以挂载从其他系统上共享的文件系统。

为什么需要安装 NFS 服务？当服务器访问流量过大时，需要多台服务器进行分流，而这些服务器可以使用 NFS 服务进行共享。NFS 除了可以实现基本的文件系统共享，还可以结合远程网络启动，实现无盘工作站（PXE 启动系统，所有数据均存放在服务器的磁盘冗余阵列上）或瘦客户工作站（本地自动系统）。NFS 通常用于实现高可用的文件共享，即多台服务器可以共享相同的数据。然而，NFS 在可扩展性方面存在一些限制，且其高可用性方案不够完善。对于数据量较大的场景，用户可以考虑使用 MFS、TFS、HDFS 等分布式文件系统来取代 NFS。

（2）NFS 组成

当两台计算机需要通过网络建立连接时，双方主机就需要提供一些基本信息，如 IP 地址、端口号等。当有 100 台客户机需要访问某台服务器时，服务器需要记住这些客户端的 IP 地址及相应的端口号等信息，而这些信息是需要通过程序来管理的。在 Linux 操作系统中，这样的信息可以由某个特定服务自行管理，也可以委托给 RPC 来帮助自己管理。RPC 是远程过程调用协议，RPC 协议为远程通信程序管理通信双方所需的基本信息，这样，NFS 服务就可以专注于如何共享数据，至于通信的连接及连接的基本信息，则全权委托给 RPC 来管理。因此，NFS 组件由与 NFS 相关的内核模块、NFS 用户空间工具和 RPC 相关服务组成，主要由如下两个 RPM 包提供。

① nfs-utils：包含 NFS 服务器端守护进程和 NFS 客户端相关工具。

② rpcbind：提供 RPC 的端口映射的守护进程及其相关文档、执行文件等。

如果系统还没有安装 NFS 的相关组件，则可以使用如下命令进行安装：

```
# yum install nfs-utils rpcbind
```

使用如下命令启动 NFS 的相关服务，并配置开机启动：

```
# systemctl start rpcbind
# systemctl start nfs
# systemctl enable rpcbind
# systemctl enable nfs-server
```

与 NFS 服务相关的文件有守护进程、systemd 的服务配置单元、服务器端配置文件、客户端配置文件、服务器端工具、客户端工具、NFS 信息文件等。

（3）配置 NFS 服务与 NFS 客户端

① 配置 NFS 服务的步骤如下。

- 共享资源配置文件/etc/exports；
- 配置 NFS 服务；
- 维护 NFS 服务的共享文件；
- 查看共享目录参数；
- 检查 NFS 服务与防火墙。

② 配置 NFS 客户端的步骤如下。

- 查看 NFS 服务器共享目录；
- 进行 NFS 文件系统的挂载与卸载。

3．MySQL

MySQL 是用户非常多的一种关系数据库，如图 3-1 所示，由于其具有体积小、速度快、总体拥有成本低、开放源代码等特点，因此一般中小型企业会选择 MySQL 作为系统后台数据库。其具有卓越的性能，搭配 PHP 和 Apache 可组成良好的开发环境。

图 3-1　MySQL

（1）MySQL 的优点

①体积小、速度快、总体拥有成本低、开放源代码。

②支持多种操作系统。

③提供 C、C++、Java、PHP、Python 的接口，支持多种语言连接操作。

④MySQL 的核心程序采用完全的多线程编程。线程是轻量级的进程,可以灵活地为用户提供服务,而不占用过多的系统资源。

⑤拥有非常灵活且安全的权限和密码系统。当客户端与 MySQL 服务器连接时,它们之间的所有密码传输被加密,而且 MySQL 支持主机认证。

⑥支持拥有海量数据的大型数据库(可以方便地支持具有上千万条记录的数据库)。作为一个开放源代码的数据库,可以针对不同的应用进行相应的修改。

⑦拥有一个非常快速且稳定的基于线程的内存分配系统,用户可以持续使用且不必担心其稳定性。

⑧同时提供高度多样性,能够提供不同的用户界面,包括命令行客户端操作、网页浏览器,以及各式各样的程序语言界面,如 C++、Perl、Java、PHP 及 Python。用户可以使用事先包装好的客户端,也可以自己写一个合适的应用程序。MySQL 可用于 UNIX、Windows 及 OS/2 等平台,因此它可以用在个人计算机或者服务器上。

(2) MySQL 的缺点

①不支持热备份。

②MySQL 最大的缺点是其安全系统复杂而且非标准,另外只有在调用 mysqladmin 来重读用户权限时权限才发生改变。

③没有一种存储过程(Stored Procedure)语言,这是对习惯于使用企业级数据库的程序员的最大限制。

④MySQL 的价格随平台和安装方式发生变化。Linux 操作系统的 MySQL 如果由用户自己或系统管理员而不是第三方安装则是免费的,如果由第三方安装,则必须付许可费。

任务 1 系统安全加固实践

1. 任务描述

为了保证信息系统的安全,需要及时修复系统漏洞,防止应用服务和程序的滥用,以及避免开启不必要的端口和服务。系统漏洞等安全隐患如果没有得到及时修复和处理,就有可能被有意或无意地利用,对信息系统造成不利影响,如敏感信息被窃取、用户数据被伪造、机密信息被泄露、资金损失及网站服务中断等。因此,加强系统安全是面对此类安全威胁较好的解决办法。

2. 任务分析

(1)节点规划

使用麒麟服务器操作系统进行节点规划,如表 3-4 所示。

表 3-4 节点规划

IP 地址	主 机 名	节 点
192.168.111.10	localhost	麒麟服务器操作系统服务器端

(2)基础准备

使用 VMware Workstation 最小化安装一台虚拟机,配置使用 1vCPU/2GB 内存/40GB 硬盘,镜像使用 Kylin-Server-10-SP2-Release-Build09-20210524-x86_64.iso,网络使用 NAT 模式,并将 NAT 模式的网段配置成 192.168.111.0/24。虚拟机安装完成之后,配置虚拟机的 IP 地址(用户可自行配置 IP 地址,此处配置的 IP 地址为 192.168.111.10),并使用远程连接工具进行连接。

3. 任务实施

(1)密码复杂度配置

密码复杂度主要涉及密码长短、密码是否包含数字、密码是否包含大写字母、密码是否包含小写字母、密码是否包含特殊字符、新密码所需的最少字符类型、密码相同字符的最大连续数量、新密码中同一类别允许的最大连续字符数、新密码和旧密码相同字符数量等。

编辑/etc/security/pwquality.conf 文件,通过如下参数控制密码复杂度选项。

- difok 代表新密码不得与旧密码相同的字符个数。
- minlen 为密码最小长度。
- dcredit 为密码中最少包含的数字个数。
- ucredit 为密码中最少包含的大写字母个数。
- lcredit 为密码中最少包含的小写字母个数。
- ocredit 为密码中最少包含的特殊字符个数。
- minclass 为密码中最少包含的字符类型(大/小写字母、数字、特殊字符)个数。
- maxrepeat 为密码中相同字符出现的最多次数。
- usercheck 用于检测密码是否与用户名相似。

注意:如果参数小于 0,则表示密码最少包含多少个数字。

例如,控制用户的密码最少包含 1 个数字,最少包含 1 个大写字母,最少包含 1 个小写字母,最少包含 1 个特殊字符,最少包含 4 种字符类型,代码如下:

```
[root@kylin ~]# vim /etc/security/pwquality.conf minlen = 8
dcredit = -1
ucredit = -1
lcredit = -1
ocredit = -1
minclass = 4
```

(2)密码生存周期配置

编辑/etc/login.defs 文件,通过如下参数控制密码生存周期选项。

- PASS_MAX_DAYS 后的数值为密码最长有效期;
- PASS_MIN_DAYS 后的数值为密码最短有效期;
- PASS_WARN_AGE 后的数值为密码过期前告警天数。

例如,通过命令修改当前已存在账号的密码生存周期:

```
#设置密码最长有效期为 90 天
[root@kylin ~]# chage -M 90 user0
// 设置密码最短有效期为 1 天
[root@ kylin ~]# chage -m 1 user0
// 设置密码过期前 3 天提醒用户
[root@ kylin ~]# chage -W 3 user0
```

通过上面的命令只可修改当前已存在账号的密码生存周期，为了保障以后新注册的账号也遵循相应的规则，需要修改相应的配置文件。编辑/etc/login.defs 文件，通过如下参数控制密码生存周期选项：

```
[root@kylin ~]# vim /etc/login.defs
PASS_MAX_DAYS 90
PASS_MIN_DAYS 1
PASS_WARN_AGE 3
```

（3）修改 SSH 默认端口与用户登录方式

Linux 操作系统的 SSH 默认端口为 22，管理员用户默认为 root，采取默认配置会增大系统被黑客入侵成功的概率，修改 SSH 默认端口可在一定程度上防止黑客使用大批量扫描方式攻击。

编辑/etc/ssh/sshd_config 文件，通过如下操作控制 SSH 端口：

```
[root@Kylin ~]# vim /etc/ssh/sshd_config
Port 2222
[root@kylin ~]# systemctl restart sshd
[root@kylin ~]# systemctl status sshd
● sshd.service - OpenSSH server daemon
   Loaded: loaded (/usr/lib/systemd/system/sshd.service; enabled; vendor preset: enabled)
   Active: active (running) since Wed 2023-02-15 15:05:48 CST; 20s ago
     Docs: man:sshd(8)
           man:sshd_config(5)
 Main PID: 2047 (sshd)
    Tasks: 1
   Memory: 936.0K
   CGroup: /system.slice/sshd.service
           └─2047 sshd: /usr/sbin/sshd -D [listener] 0 of 10-100 startups

2月 15 15:05:48 kylin systemd[1]: Starting OpenSSH server daemon...
2月 15 15:05:48 kylin sshd[2047]: /etc/ssh/sshd_config line 144: Deprecated option RSAAuthentication
2月 15 15:05:48 kylin sshd[2047]: /etc/ssh/sshd_config line 146: Deprecated option RhostsRSAAuthentication
2月 15 15:05:48 kylin sshd[2047]: Server listening on 0.0.0.0 port 2222.
2月 15 15:05:48 kylin sshd[2047]: Server listening on :: port 2222.
2月 15 15:05:48 kylin systemd[1]: Started OpenSSH server daemon.
```

通过限制使用 SSH 直接以 root 用户身份登录，以及禁用公钥登录的方式提高 SSH 服务的安全性。编辑/etc/ssh/sshd_config 文件，通过如下参数控制登录选项。
- PermitRootLogin 为是否允许以 root 用户身份直接登录。
- PubkeyAuthentication 为是否允许使用公钥方式登录。
- PasswordAuthentication 为是否允许使用密码方式登录。

代码如下：

```
[root@Kylin ~]# vim vim /etc/ssh/sshd_config
PermitRootLogin no
PubkeyAuthentication no
PasswordAuthentication yes
```

（4）管理 sudo 权限

限制用户使用 sudo 权限，防止用户对系统做出破坏性更改或恶意提权操作。编辑 /etc/sudoers 文件，类似于如下字段内容：

```
%wheel ALL=(ALL) ALL
```

- 第 1 个字段表示授权使用 sudo 的用户或用户组（%表示用户组）。
- 第 2 个字段表示授权使用 sudo 的主机列表。
- 第 3 个字段表示授权提权到的用户。
- 第 4 个字段表示授权执行的命令。

建议用户根据实际情况对权限进行限制，例如：

```
user0 ALL=(root) /usr/bin/systemctl
```

上述设置表示 user0 用户被允许在输入自身密码的情况下临时提权到 root 用户执行 systemctl 命令。

在没有进行配置时，默认用户不能进行临时提权操作：

```
[user0@kylin ~]$ sudo systemctl restart sshd

我们信任您已经从系统管理员那里了解了日常注意事项。
总结起来无外乎这三点：

    #1) 尊重别人的隐私。
    #2) 输入前要先考虑(后果和风险)。
    #3) 权力越大，责任越大。

[sudo] user0 的密码：
user0 不在 sudoers 文件中。此事将被报告。
```

对/etc/sudoers 文件进行配置后，默认用户可以进行临时提权操作：

```
[user0@kylin ~]$ sudo systemctl restart sshd
[sudo] user0 的密码：
```

任务 2　FTP 服务的安装与使用

1. 任务描述

本任务将演示如何在麒麟服务器操作系统中使用 yum 源来安装 FTP 服务，并配置 FTP 服务的基本参数，如 FTP 根目录、用户认证等。本任务将使用 Linux 操作系统作为客户端来连接 FTP 服务器，并进行上传、下载、删除等基本操作。通过这些实际案例的演示，读者将深入理解 FTP 服务的应用场景和使用方法。

2. 任务分析

（1）节点规划

使用麒麟服务器操作系统进行节点规划，如表 3-5 所示。

表 3-5　节点规划

IP 地址	主　机　名	节　　点
192.168.111.10	ftp-server	FTP 服务器端
192.168.111.11	ftp-client	FTP 客户端

（2）基础准备

使用 VMware Workstation 最小化安装一台虚拟机，配置使用 1vCPU/2GB 内存/40GB 硬盘，镜像使用 Kylin-Server-10-SP2-Release-Build09-20210524-x86_64.iso，网络使用 NAT 模式，并将 NAT 模式的网段配置成 192.168.111.0/24。虚拟机安装完成之后，配置虚拟机的 IP 地址（用户可自行配置 IP 地址，此处配置的 IP 地址为 192.168.111.10 和 192.168.111.11），并使用远程连接工具进行连接。

3. 任务实施

（1）设置主机名

使用远程连接工具连接至 192.168.111.10，修改主机名为 ftp，命令如下：

```
[root@kylin ~]# hostnamectl set-hostname ftp
```

断开连接，重新连接虚拟机，查看主机名，命令如下：

```
[root@ftp ~]# hostname
ftp
```

（2）配置 yum 源

使用远程传输工具将 Kylin-Server-10-SP2-Release-Build09-20210524-x86_64.iso 软件包上传至 /root 目录下，创建文件夹并挂载，命令如下：

```
[root@ftp ~]# mkdir /opt/kylin
[root@ftp ~]# mount Kylin-Server-10-SP2-Release-Build09-20210524-x86_64.iso /opt/kylin
mount: /opt/kylin: WARNING: source write-protected, mounted read-only.
```

配置本地 yum 源，首先将/etc/yum.repos.d/目录下的文件删除，然后创建 local.repo 文件，命令如下：

```
[root@ftp ~]# rm -rf /etc/yum.repos.d/*
[root@ftp ~]# vi /etc/yum.repos.d/local.repo
```

local.repo 文件的内容如下：

```
[kylin]
name=kylin
baseurl=file:///opt/kylin
gpgcheck=0
enabled=1
```

至此，yum 源配置完毕。

（3）安装 FTP 服务

使用如下命令安装 FTP 服务：

```
[root@ftp ~]# yum install vsftpd -y
```

安装完成后，编辑 FTP 服务的配置文件，在配置文件的最上面添加一行代码，并修改部分配置，命令如下：

```
[root@ftp ~]# vi /etc/vsftpd/vsftpd.conf
[root@ftp ~]# cat /etc/vsftpd/vsftpd.conf
anon_root=/opt
# Example config file /etc/vsftpd/vsftpd.conf
... ...
//忽略输出
... ...
//将下面参数的值改为YES
anonymous_enable=YES
```

启动 VSFTP 服务，命令如下：

```
[root@ftp ~]# systemctl start vsftpd
[root@ftp ~]# systemctl status vsftpd
● vsftpd.service - Vsftpd ftp daemon
   Loaded: loaded (/usr/lib/systemd/system/vsftpd.service; disabled; vendor preset: disabled)
   Active: active (running) since Wed 2023-02-15 15:46:33 CST; 25s ago
  Process: 17119 ExecStart=/usr/sbin/vsftpd /etc/vsftpd/vsftpd.conf (code=exited, status=0/SUCCESS)
 Main PID: 17120 (vsftpd)
    Tasks: 1
   Memory: 424.0K
   CGroup: /system.slice/vsftpd.service
           └─17120 /usr/sbin/vsftpd /etc/vsftpd/vsftpd.conf

2月 15 15:46:33 ftp systemd[1]: Starting Vsftpd ftp daemon...
2月 15 15:46:33 ftp systemd[1]: Started Vsftpd ftp daemon.
```

在使用浏览器访问 FTP 服务之前，需要先关闭 SELinux 服务和防火墙，命令如下：

```
[root@ftp ~]# setenforce 0
[root@ftp ~]# systemctl stop firewalld
```

（4）FTP 服务的使用

使用浏览器访问 ftp://192.168.111.10/，FTP 界面如图 3-2 所示。

图 3-2　FTP 界面

从界面中可以看到/opt 目录下的文件都被 FTP 服务成功共享。

进入虚拟机的/opt 目录，创建 kylin.txt 文件，命令如下：

```
[root@ftp ~]# touch /opt/kylin.txt
```

刷新浏览器界面，可以看到新创建的文件，如图 3-3 所示。

图 3-3　刷新后的 FTP 界面

关于 FTP 服务的使用，简单来说，就是将用户想共享的文件或者软件包放入共享目录中。

（5）修改主机名

使用远程连接工具连接至 192.168.111.11，修改其主机名为 client，命令如下：

```
[root@localhost ~]# hostnamectl set-hostname client
```

断开连接，重新连接虚拟机，查看主机名，命令如下：

```
[root@client ~]# hostname
client
```

（6）配置 FTP 服务的 yum 源

配置本地 yum 源，首先将/etc/yum.repos.d/目录下的文件删除，然后创建 http.repo 文件，命令如下：

```
[root@ftp ~]# rm -rf /etc/yum.repos.d/*
[root@ftp ~]# vi /etc/yum.repos.d/http.repo
```

http.repo 文件的内容如下：

```
[kylin-http]
name=kylin-http
baseurl= ftp://192.168.111.10/kylin
gpgcheck=0
enabled=1
```

至此，yum 源配置完成。

（7）使用 FTP 服务的 yum 源

查看当前源是否可用，在使用之前，需要先关闭当前节点的 SELinux 服务和防火墙，命令如下：

```
[root@client ~]# setenforce 0
[root@client ~]# systemctl stop firewalld
```

使用 FTP 服务的 yum 源安装数据库服务，命令如下：

```
[root@client ~]# yum install mariadb-server mariadb -y
kylin-http
175 MB/s | 3.7 MB     00:00
上次元数据过期检查: 0:00:01 前, 执行于 2023 年 02 月 15 日 星期三 14 时 58 分 12 秒。
... ...
//忽略输出
... ...
安装   7 软件包

总下载: 25 M
安装大小: 134 M!
```

可以看到数据库被成功安装。使用 FTP 服务的 yum 源安装数据库服务的案例验证成功。

任务 3 NFS 服务的安装与使用

1. 任务描述

本任务主要介绍如何在麒麟服务器操作系统中安装和配置 NFS 服务，并通过模拟真实场景的方式让读者快速掌握该技能。

在日常工作中，服务器或虚拟机的磁盘空间不足是一个普遍存在的问题。本任务介绍了使用 NFS 解决这个问题的方法。通过安装和配置 NFS 服务，用户能够将服务器上的磁盘空间共享给其他机器使用，从而有效地解决磁盘空间不足的问题。

通过对本任务的学习，读者将掌握 NFS 服务的基本原理和配置方法，以及如何使用 NFS 客户端连接 NFS 服务器端进行文件传输。这些技能将有助于读者更好地掌握文件共享技术，提高工作效率和文件共享安全性。

2. 任务分析

（1）节点规划

使用麒麟服务器操作系统进行节点规划，如表 3-6 所示。

表 3-6 节点规划

IP 地址	主 机 名	节　　点
192.168.111.10	nfs-server	NFS 服务器端
192.168.111.11	nfs-client	NFS 客户端

（2）基础准备

使用 VMware Workstation 最小化安装一台虚拟机，配置使用 1vCPU/2GB 内存/40GB 硬盘，镜像使用 Kylin-Server-10-SP2-Release-Build09-20210524-x86_64.iso，网络使用 NAT 模式，并将 NAT 模式的网段配置成 192.168.111.0/24。虚拟机安装完成之后，配置虚拟机的 IP 地址（用户可自行配置 IP 地址，此处配置的 IP 地址为 192.168.111.10 和 192.168.111.11），并使用远程连接工具进行连接。

3. 任务实施

（1）基础配置

修改两个节点的主机名，NFS 服务器端节点的主机名为 nfs-server，NFS 客户端节点的主机名为 nfs-client，命令如下。

NFS 服务器端节点：

```
[root@localhost ~]# hostnamectl set-hostname nfs-server
// 断开后重新连接
[root@nfs-server ~]# hostname
nfs-server
```

NFS 客户端节点：

```
[root@localhost ~]# hostnamectl set-hostname nfs-client
// 断开后重新连接
[root@nfs-client ~]# hostname
nfs-client
```

（2）NFS 服务的使用

在 NFS 服务器端节点上创建一个用于共享的目录，命令如下：

```
[root@nfs-server ~]# mkdir /opt/test
```

编辑 NFS 服务的配置文件/etc/exports，在配置文件中加入一行代码，命令如下：

```
[root@nfs-server ~]# vi /etc/exports
//添加下方代码
/opt/test 192.168.111.0/24(rw)
```

exports 配置文件的内容如下：

```
/opt/test 192.168.111.0/24(rw)
```

使配置生效，命令如下：

```
[root@nfs-server ~]# exportfs -r
exportfs: /etc/exports [1]: Neither 'subtree_check' or 'no_subtree_check'
specified for export "192.168.111.11:/opt/test".
  Assuming default behaviour ('no_subtree_check').
  NOTE: this default has changed since nfs-utils version 1.0.x
```

配置文件内容说明如下。

- /opt/test：共享目录（若没有这个目录，则需新建一个）。
- 192.168.111.0/24：可以是一个网段、一个 IP 地址，也可以是域名。域名支持通配符，例如，*.qq.com。
- rw：read-write，可读/写。
- ro：read-only，只读。
- sync：文件同时写入硬盘和内存。
- async：文件暂存于内存，而不是直接写入内存。
- no_root_squash：当 NFS 客户端连接服务器端时，如果使用的是 root 用户，那么服务器端共享的目录也拥有 root 用户权限。显然开启这项权限是不安全的。
- root_squash：当 NFS 客户端连接服务器端时，如果使用的是 root 用户，那么服务器端共享的目录拥有匿名用户权限，通常它将使用 nobody 或 nfsnobody 身份。
- all_squash：无论 NFS 客户端连接服务器端时使用的是什么用户，服务器端共享的目录都拥有匿名用户权限。
- anonuid：匿名用户的 UID（User Identification，用户身份证明）值，可以在此处自行设定。
- anongid：匿名用户的 GID（Group Identification，共享资源系统使用者的群体身份）值。

在 NFS 服务器端节点中启动 NFS 服务，并将服务器的 SELinux 服务和防火墙关闭，命令如下：

```
[root@nfs-server ~]# systemctl start nfs
[root@nfs-server ~]# setenforce 0
[root@nfs-server ~]# systemctl stop firewalld
```

需要提升 NFS 服务器端节点的权限，否则将影响 NFS 服务的使用：

```
[root@nfs-server ~]# chmod 777 /opt/test/
```

在 NFS 服务器端节点中查看可挂载的目录，可以看到共享的目录，命令如下：

```
[root@nfs-server ~]# showmount -e 192.168.111.10
Export list for 192.168.111.10:
/opt/test 192.168.111.11
```

转到 NFS 客户端节点，在客户端挂载前，先要将服务器的 SELinux 服务和防火墙关闭，命令如下：

```
[root@nfs-client ~]# setenforce 0
[root@nfs-client ~]# systemctl stop firewalld
```

在 NFS 客户端节点中进行 NFS 共享目录的挂载，命令如下：

```
[root@nfs-client ~]# mount -t nfs 192.168.111.10:/opt/test /mnt/
```

如果无提示信息，则表示挂载成功。查看挂载情况，命令如下：

```
[root@nfs-client ~]# df -h
文件系统                   容量   已用   可用  已用%  挂载点
devtmpfs                  1.4G     0   1.4G   0%   /dev
tmpfs                     1.5G     0   1.5G   0%   /dev/shm
tmpfs                     1.5G  9.2M   1.5G   1%   /run
tmpfs                     1.5G     0   1.5G   0%   /sys/fs/cgroup
/dev/mapper/klas-root      36G   3.2G   32G   9%   /
tmpfs                     1.5G   16K   1.5G   1%   /tmp
/dev/sda1                1014M  179M   836M  18%   /boot
tmpfs                     289M     0   289M   0%   /run/user/0
192.168.111.10:/opt/test   35G   7.1G   28G  21%   /mnt
```

可以看到 NFS 服务器端节点的/opt/test 目录已被挂载到 NFS 客户端节点的/mnt 目录下。

（3）验证 NFS 共享存储

在 NFS 客户端节点的/mnt 目录下创建一个 kylin-nfs.txt 文件，命令如下：

```
[root@nfs-client ~]# cd /mnt/
[root@nfs-client mnt]# ll
total 0
[root@nfs-client mnt]# touch kylin-nfs.txt
```

回到 NFS 服务器端节点中进行验证，命令如下：

```
[root@nfs-server ~]# cd /opt/test/
[root@nfs-server test]# ll
总用量 0
-rw-r--r-- 1 nobody nobody 0 2月 15 16:30 kylin-nfs.txt
```

可以发现，在 NFS 客户端节点中创建的文件和 NFS 服务器端节点中的文件是一样的。

任务 4 MySQL 的安装与使用

1．任务描述

本任务旨在帮助读者掌握 MySQL 的安装、初始化与基本的增、删、改、查操作，并通过实操命令的方式使读者快速掌握 MySQL 的使用技巧。同时，本任务介绍了数据库的运维操作，包括备份与恢复方法，这将帮助读者养成定期备份数据库信息的好习惯。通过对本任务的学习，读者能够更好地管理和利用 MySQL，提高工作效率和数据安全性。

2．任务分析

（1）节点规划

使用麒麟服务器操作系统进行节点规划，如表 3-7 所示。

表 3-7 节点规划

IP 地址	主 机 名	节 点
192.168.111.10	mysql	MySQL 节点

（2）基础准备

使用 VMware Workstation 最小化安装一台虚拟机，配置使用 1vCPU/2GB 内存/40GB 硬盘，镜像使用 Kylin-Server-10-SP2-Release-Build09-20210524-x86_64.iso，网络使用 NAT 模式，并将 NAT 模式的网段配置成 192.168.111.0/24。虚拟机安装完成之后，配置虚拟机的 IP 地址（用户可自行配置 IP 地址，此处配置的 IP 地址为 192.168.111.10），并使用远程连接工具进行连接。

3. 任务实施

（1）基础环境准备

将虚拟机的主机名修改为 mysql，命令如下：

```
[root@localhost ~]# hostnamectl set-hostname mysql
//断开后重新连接
[root@mysql ~]# hostname
mysql
```

（2）安装 MySQL 服务

首先将软件包 mysqlrepo.tar.gz 上传至服务器，然后进行解压缩，命令如下：

```
[root@mysql ~]# tar zxf mysqlrepo.tar.gz
[root@mysql ~]# ls mysql-repo/
mysql-community-client-5.7.41-1.el7.x86_64.rpm  mysql-community-libs-5.7.41-1.el7.x86_64.rpm    repodata
mysql-community-common-5.7.41-1.el7.x86_64.rpm  mysql-community-server-5.7.41-1.el7.x86_64.rpm
```

配置 MySQL 服务的 yum 源，首先将 /etc/yum.repos.d/ 目录下的文件删除，然后创建 mysql.repo 文件，命令如下：

```
[root@ftp ~]# rm -rf /etc/yum.repos.d/*
[root@ftp ~]# vi /etc/yum.repos.d/mysql.repo
```

mysql.repo 文件的内容如下：

```
[mysql]
name=mysql
baseurl=file:///root/mysql-repo
gpgcheck=0
enabled=1
```

至此，yum 源配置完成。利用该 yum 源安装 MySQL，命令如下：

```
[root@mysql ~]# yum install -y mysql-server
上次元数据过期检查：0:01:06 前，执行于 2023 年 02 月 15 日 星期三 19 时 51 分 15 秒。
依赖关系解决。
```

```
================================================================
 Package                  Arch      Version         Repo     Size
================================================================
安装:
 mysql-community-server   x86_64    5.7.41-1.el7    mysql    178 M
安装依赖关系:
 mysql-community-client   x86_64    5.7.41-1.el7    mysql    28 M
 mysql-community-common   x86_64    5.7.41-1.el7    mysql    311 k
 mysql-community-libs     x86_64    5.7.41-1.el7    mysql    2.6 M

事务概要
================================================================
安装   4 软件包

总计: 209 M
安装大小: 895 M
下载软件包:
运行事务检查
事务检查成功。
运行事务测试
事务测试成功。
运行事务
  准备中  :                                                   1/1
  安装    : mysql-community-common-5.7.41-1.el7.x86_64         1/4
  安装    : mysql-community-libs-5.7.41-1.el7.x86_64           2/4
  运行脚本: mysql-community-libs-5.7.41-1.el7.x86_64           2/4
  安装    : mysql-community-client-5.7.41-1.el7.x86_64         3/4
  运行脚本: mysql-community-server-5.7.41-1.el7.x86_64         4/4
  安装    : mysql-community-server-5.7.41-1.el7.x86_64         4/4
  运行脚本: mysql-community-server-5.7.41-1.el7.x86_64         4/4
  验证    : mysql-community-client-5.7.41-1.el7.x86_64         1/4
  验证    : mysql-community-common-5.7.41-1.el7.x86_64         2/4
  验证    : mysql-community-libs-5.7.41-1.el7.x86_64           3/4
  验证    : mysql-community-server-5.7.41-1.el7.x86_64         4/4

已安装:
 mysql-community-client-5.7.41-1.el7.x86_64
 mysql-community-common-5.7.41-1.el7.x86_64
 mysql-community-libs-5.7.41-1.el7.x86_64
 mysql-community-server-5.7.41-1.el7.x86_64
完毕!
```

(3) 获取 MySQL 服务的初始密码

安装并启动 MySQL 服务后, 需要查看日志来获取 root 账号的密码, 具体命令如下:

```
[root@mysql ~]# systemctl start mysqld
[root@mysql ~]# cat /var/log/mysqld.log | grep pass
```

```
2023-02-15T11:55:30.629817Z 1 [Note] A temporary password is generated
for root@localhost: l<O!tPFO1j_o
```

localhost:后面就是系统随机生成的 root 账号的密码,所以密码是:l<O!tPFO1j_o。

(4) 登录 MySQL 服务

命令格式:mysql -uroot -p'密码'。

例如,密码为 l<O!tPFO1j_o,命令如下:

```
[root@mysql ~]# mysql -uroot -p'l<O!tPFO1j_o'
mysql: [Warning] Using a password on the command line interface can be
insecure.
Welcome to the MySQL monitor.  Commands end with ; or \g.
Your MySQL connection id is 10
Server version: 5.7.41

Copyright (c) 2000, 2023, Oracle and/or its affiliates.

Oracle is a registered trademark of Oracle Corporation and/or its
affiliates. Other names may be trademarks of their respective
owners.

Type 'help;' or '\h' for help. Type '\c' to clear the current input
statement.

mysql>
```

(5) 修改系统随机生成的密码

首先需要设置密码策略等级为 LOW,命令如下:

```
mysql> set global validate_password_policy = 'LOW';
Query OK, 0 rows affected (0.00 sec)
```

然后将当前密码设置为 passw@r1,命令如下:

```
mysql> alter user user() identified by "passw@r1";
Query OK, 0 rows affected (0.00 sec)
```

(6) 创建数据库与表

创建数据库 test,并在数据库 test 中创建表 company,命令如下:

```
mysql> create database test;
Query OK, 1 row affected (0.01 sec)

mysql> use test;
Database changed
mysql> create table company(id int not null primary key,name
varchar(50),addr varchar(255));
Query OK, 0 rows affected (0.00 sec)
```

(7) 插入并查询数据

向 company 表中插入一条数据并查询,命令如下:

```
mysql> insert into company values(1,"facebook","usa");
Query OK, 1 row affected (0.02 sec)

mysql> select * from company;
+----+----------+------+
| id | name     | addr |
+----+----------+------+
|  1 | facebook | usa  |
+----+----------+------+
1 row in set (0.00 sec)
```

（8）修改数据

将上一步中插入的数据的地址改为 America，命令如下：

```
mysql> update company set addr='America' where id=1;
Query OK, 1 row affected (0.00 sec)
Rows matched: 1  Changed: 1  Warnings: 0

mysql> select * from company;
+----+----------+---------+
| id | name     | addr    |
+----+----------+---------+
|  1 | facebook | America |
+----+----------+---------+
1 row in set (0.00 sec)
```

从上述代码中可以看到数据发生了变化。在日常工作中，一般不会使用命令修改数据库中的数据，而是使用 Navicat 工具进行操作。

（9）删除数据

为了实现演示效果，在删除数据之前，先向表 company 中插入一条数据，命令如下：

```
mysql> insert into company values(2,"alibaba","china");
Query OK, 1 row affected (0.00 sec)

mysql> select * from company;
+----+----------+---------+
| id | name     | addr    |
+----+----------+---------+
|  1 | facebook | America |
|  2 | alibaba  | china   |
+----+----------+---------+
2 rows in set (0.00 sec)
```

然后删除 id 为 1 的数据，命令如下：

```
mysql> delete from company where id=1;
Query OK, 1 row affected (0.00 sec)

mysql> select * from company;
```

```
+----+---------+-------+
| id | name    | addr  |
+----+---------+-------+
|  2 | alibaba | china |
+----+---------+-------+
1 row in set (0.00 sec)
```

此时 id 为 1 的数据就被删除了。还可以删除表中的全部数据，命令如下：

```
mysql> delete from company;
Query OK, 1 row affected (0.00 sec)

mysql> select * from company;
Empty set (0.00 sec)
```

此时查询表中的内容，显示为空，表中所有的数据都被删除了。

（10）删除表与数据库

删除表或者数据库都使用 drop 命令，首先删除表 company，命令如下：

```
mysql> drop table company;
Query OK, 0 rows affected (0.00 sec)

mysql> show tables;
Empty set (0.00 sec)
```

可以看到表 company 被删除了，然后删除数据库 test，命令如下：

```
mysql> drop database test;
Query OK, 0 rows affected (0.00 sec)

mysql> show databases;
+--------------------+
| Database           |
+--------------------+
| information_schema |
| mysql              |
| performance_schema |
| sys                |
+--------------------+
4 rows in set (0.00 sec)
```

可以看到数据库 test 也被删除了。

（11）数据库备份

按照上面的操作命令，首先创建数据库 test 和表 company，并向表中插入一条数据，然后将整个数据库导出到/root 目录中，命令如下：

```
[root@mariadb ~]# mysqldump -uroot -p000000 test > test.sql
```

（12）数据库恢复

用 mysqldump 命令备份的文件是一个可以直接导入的 SQL 脚本。有两种方法可以将数据导入数据库中，第 1 种，使用 mysql 命令把数据库文件恢复到指定的数据库中，命令如下：

```
[root@mysql ~]# mysqladmin -uroot -ppassw@r1 create test
mysqladmin: [Warning] Using a password on the command line interface can be insecure.
[root@mysql ~]# mysql -uroot -ppassw@r1 test < test.sql
mysql: [Warning] Using a password on the command line interface can be insecure.
```

第 2 种，使用 source 命令把数据库文件恢复到指定的数据库中，命令如下：

```
[root@mysql ~]# mysqladmin -uroot -ppassw@r1 drop test
mysqladmin: [Warning] Using a password on the command line interface can be insecure.
Dropping the database is potentially a very bad thing to do.
Any data stored in the database will be destroyed.

Do you really want to drop the 'test' database [y/N] y
Database "test" dropped
[root@mysql ~]# mysql -uroot -ppassw@r1
mysql: [Warning] Using a password on the command line interface can be insecure.
Welcome to the MySQL monitor.  Commands end with ; or \g.
Your MySQL connection id is 26
Server version: 5.7.41 MySQL Community Server (GPL)

Copyright (c) 2000, 2023, Oracle and/or its affiliates.

Oracle is a registered trademark of Oracle Corporation and/or its
affiliates. Other names may be trademarks of their respective
owners.

Type 'help;' or '\h' for help. Type '\c' to clear the current input statement.

mysql> create database test;
Query OK, 1 row affected (0.00 sec)

mysql> use test
Database changed
mysql> source /root/test.sql;
Query OK, 0 rows affected (0.00 sec)
Query OK, 0 rows affected (0.00 sec)
Query OK, 0 rows affected (0.00 sec)
Query OK, 0 rows affected (0.00 sec)
Query OK, 0 rows affected (0.00 sec)
Query OK, 0 rows affected (0.00 sec)
```

```
Query OK, 0 rows affected (0.00 sec)
Query OK, 0 rows affected (0.00 sec)
Query OK, 0 rows affected, 1 warning (0.00 sec)
Query OK, 0 rows affected (0.00 sec)
Query OK, 0 rows affected (0.00 sec)
Query OK, 0 rows affected (0.00 sec)
Query OK, 0 rows affected (0.00 sec)
Query OK, 0 rows affected (0.00 sec)
Query OK, 0 rows affected (0.00 sec)
Query OK, 0 rows affected (0.00 sec)
Query OK, 0 rows affected (0.00 sec)
Query OK, 2 rows affected (0.00 sec)
Records: 2  Duplicates: 0  Warnings: 0
Query OK, 0 rows affected (0.00 sec)
Query OK, 0 rows affected (0.00 sec)
Query OK, 0 rows affected (0.00 sec)
Query OK, 0 rows affected, 1 warning (0.00 sec)
Query OK, 0 rows affected (0.00 sec)
Query OK, 0 rows affected (0.00 sec)
Query OK, 0 rows affected (0.00 sec)
Query OK, 0 rows affected (0.00 sec)
Query OK, 0 rows affected (0.00 sec)
Query OK, 0 rows affected (0.00 sec)
```

关于 MySQL 的简单操作就介绍到这里。对数据库感兴趣的读者若想深入学习数据库的命令与知识，可以自行查找资料进行学习。

单元小结

本单元旨在向读者介绍麒麟服务器操作系统中的系统安全加固以及常用服务。系统安全加固是保障系统安全的重要措施，本单元主要介绍了麒麟服务器操作系统中的安全加固方法。此外，本单元还介绍了 FTP 服务、NFS 服务及 MySQL。其中，FTP 服务主要用于文件共享或作为远程的 yum 源使用；NFS 服务一般作为后端存储使用，可以扩容服务器或虚拟机的存储空间；MySQL 则是一种用户非常多的关系数据库，被广泛应用于中小型企业的开发中。通过对实际案例的操作，读者可以掌握麒麟服务器操作系统的安全加固方法以及常用服务的安装、配置与使用，为进一步深入学习麒麟服务器操作系统打下基础。

课后练习

1. HTTP 服务是否可以提供 FTP 服务所有的功能？
2. FTP 服务除了可以共享文件、作为远程 yum 源，还能做什么？
3. NFS 服务是持久化存储吗？

4．当 NFS 服务器端断电或者关机，重启之后，客户端会自动挂载 NFS 服务器端共享的目录吗？

实训练习

1．使用一台虚拟机，自行安装 FTP 服务，并将/opt 目录进行共享。

2．使用两台虚拟机，一台作为 NFS 的服务器端，另一台作为 NFS 的客户端，安装 NFS 的必要服务，将服务器端的/opt 目录进行共享，并在客户端将其挂载到/mnt 目录下。

3．使用一台虚拟机，自行安装 MySQL，进行增、删、改、查操作。

单元 4

麒麟服务器操作系统存储与虚拟化技术

单元描述

存储服务是操作系统中至关重要的模块。本单元主要介绍麒麟服务器操作系统中的存储与虚拟化技术，包括 RAID（磁盘冗余阵列）技术、ISCSI 存储服务和 KVM 虚拟化技术。RAID 通过将多个磁盘组合起来形成一个更大的逻辑卷来提高磁盘的读/写性能和冗余性，使得数据更加安全可靠。ISCSI 存储服务则提供了一种通过网络共享存储设备的方式，使得多台计算机可以同时访问存储设备，大大提高了数据共享的效率。KVM 虚拟化技术允许用户在一台物理机上同时运行多台虚拟机，大大提高了计算资源的利用率。通过对本单元的学习，读者将能够深入了解麒麟服务器操作系统中常用的存储服务和虚拟化技术，掌握 RAID 的构建、ISCSI 存储服务的使用以及 KVM 虚拟化技术的运维管理，这将使得读者在日常工作中能够更快速地部署磁盘冗余阵列、提高数据共享效率，以及更有效地利用计算资源。

1. 知识目标

①了解 RAID 的起源、发展和应用场景；
②了解 ISCSI 存储服务的架构与原理；
③了解 KVM 虚拟化技术的架构与原理。

2. 能力目标

①能进行不同级别的 RAID 的创建与挂载使用；
②能进行 ISCSI 存储服务的安装与部署；
③能进行 KVM 的安装、配置及使用。

3. 素养目标

①培养以科学思维审视专业问题的能力；
②培养实际动手操作与团队合作的能力。

任务分解

本单元旨在让读者掌握麒麟服务器操作系统中常用的存储服务与虚拟化技术，为了方

单元 4　麒麟服务器操作系统存储与虚拟化技术

便读者学习，本单元设置了 3 个任务，任务分解如表 4-1 所示。

表 4-1　任务分解

任务名称	任务目标	学时安排
任务 1 RAID 的创建与使用	能创建并使用 RAID	2
任务 2 ISCSI 存储服务部署	能进行 ISCSI 存储服务的部署与使用	2
任务 3 KVM 虚拟化运维管理	能进行 KVM 的安装、配置与使用	4
总计		8

知识准备

1. RAID 技术

（1）RAID 简述

磁盘冗余阵列（Redundant Arrays of Independent Disks，RAID）是指把多个物理磁盘组成一个阵列，当作一个逻辑磁盘使用。它将数据以分段或条带的方式储存在不同的磁盘中，这样可以通过在多个磁盘上同时存储和读取数据来大幅增加存储系统的数据吞吐量。使用 RAID 的主要目的是在发生单点故障时可以保存数据，当使用单个磁盘来存储数据时，如果它被损坏了，就没有机会取回已有数据了。为了防止数据丢失，人们需要提供一个容错的方法，所以，可以使用多个磁盘组成 RAID。

简单地说，RAID 的好处就是：

- 极强的容错能力，保证了数据的安全；
- 较佳的 I/O 传输率，有效地匹配了 CPU、内存的速度；
- 较大的存储量，保证了海量数据的存储；
- 较高的性能价格比。

（2）主流 RAID 等级

根据磁盘冗余阵列使用的技术不同将其划分了等级，称为 RAID Level，目前公认的标准是 RAID 0~RAID 10。其中的 Level 并不代表技术的高低，RAID 5 并不高于 RAID 4，RAID 0 并不低于 RAID 2，至于选择哪一种 RAID 需要视用户的需求而定。

① RAID 0。

RAID 0 被称为条带模式（Stripe）。数据在此种 RAID 等级下被分散存储，每个磁盘放置所要存储的数据的一部分，使读/写性能得到了提升，需要的磁盘数为大于或等于两个磁盘，磁盘可用空间为磁盘数×最小磁盘的大小。

当数据写入 RAID 时，首先会被切割成一块一块的，然后被依序存放到不同的磁盘中，如图 4-1 所示。一方面，磁盘的读/写性能得到了提升，但另一方面，由于数据被切割分散存储于不同的磁盘中，一旦其中一个磁盘损坏，RAID 上面所有的数据就都会损坏。因此，从数据安全方面考虑，重要数据不适合使用 RAID 0。

② RAID 1。

RAID 1 被称为镜像模式（Mirror），此种模式是指把同一份完整的数据存储在多个不同的磁盘上。当数据写入 RAID 时，每份数据被复制成相同的两份，分别放入两个磁盘中。这种模式可以实现数据备份。当其中一个磁盘损坏时，数据不受影响，如图 4-2 所示。

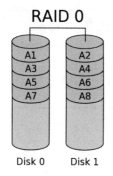

图 4-1　RAID 0 数据写入示意图

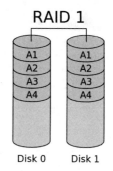

图 4-2　RAID 1 数据写入示意图

但此种模式需要复制多份数据到各个磁盘中，在大量写入的情况下，写性能会降低；由于可以从不同磁盘中读入数据，因此读性能会略微提升。需要的磁盘数为大于或等于两个，磁盘可用空间为磁盘数×最小磁盘的大小÷2。

③ RAID 5。

RAID 5 对性能和数据备份进行了均衡考虑，实现方式是使用 3 个或 3 个以上磁盘组成磁盘冗余阵列。数据写入方式类似于 RAID 0，但区别是在每个循环写入过程中，轮流在其中一个磁盘中存储其他几个磁盘数据的同位校验码（Parity），同位校验码根据其他磁盘数据同位相与或进行计算得到，当其中任何一个磁盘损坏时，可通过其他磁盘的同位校验码来重建磁盘的数据，如图 4-3 所示，但当多于一个磁盘损坏时，数据则无法被恢复。

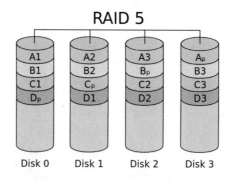

图 4-3　RAID 5 数据写入示意图

RAID 5 对读性能有较好的提升，由于在写入时需要对数据进行同位校验码计算，因此写性能的提升低于读性能的提升。磁盘可用空间为（磁盘数-1）×最小磁盘的大小。

另外，当其中一个磁盘损坏后，如果没有预备磁盘顶替，则每次读取数据都需要经过数据校验计算出损坏磁盘的数据，此时 RAID 工作于降级状态，对性能有极大的影响。RAID 6 在 RAID 5 的基础上增加了一个磁盘当作校验盘，即支持两个磁盘作为校验盘。

④ RAID 10。

RAID 10 可以看作 RAID 1 和 RAID 0 的最低组合,最少需要 4 个磁盘,先两两组成 RAID 1,再组成 RAID 0。当 RAID 10 中有一个磁盘受损时,其余磁盘会继续运作。而跟 RAID 10 相似的 RAID 1 只要有一个磁盘受损,同组 RAID 0 的所有磁盘就都会停止运作,只剩下其他组的磁盘在运作,可靠性较低。因此,RAID 10 比 RAID 1 更常用,零售主板绝大部分支持 RAID 0/1/5/10。RAID 10 数据写入示意图如图 4-4 所示。

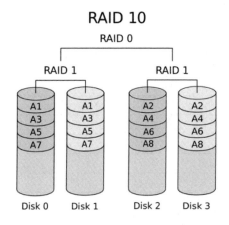

图 4-4　RAID 10 数据写入示意图

⑤ RAID 小结。

常用 RAID 各方面参数对比如表 4-2 所示。

表 4-2　常用 RAID 各方面参数对比

RAID Level	性 能 提 升	冗 余 能 力	空间利用率/%	磁盘数量/个
RAID 0	读/写性能提升	无	100	至少 2
RAID 1	读性能提升,写性能下降	有	50	至少 2
RAID 5	读/写性能提升	有	$(n-1)/n$	至少 3
RAID 10	读/写性能提升	有	50	至少 4

(3) RAID 的实现方式

① 基于硬件 RAID 卡的方式。

在一个基于总线的主机系统中,通过将磁盘连接到一个单独的 CPU 和 RAID 卡上,并在操作系统中添加硬件卡驱动程序的方式来实现 RAID。这种卡有自己的 BIOS(主板固件,负责初始化硬件)和 Firmware(嵌入设备的控制软件,如更新驱动),卡上带有处理器、协处理器、缓存等,可以做包括奇偶校验和数据分段在内的所有工作。主控总线方案通常用在 PCI(Peripheral Component Interconnect,外设部件互连)总线系统上,最基本的规则是主控总线速度越快,RAID 子系统的速度就越快,主要表现如下。

- 外接式磁盘冗余阵列:通过 PCI 或 PCI-E 扩展卡提供适配能力。
- 内接式磁盘冗余阵列:主板上集成的 RAID 控制器。

② 基于软件的方式。

通过在操作系统中集成 RAID 的功能来实现 RAID。这种方式的优点是不需要使用额外的硬件就可以保证较高的数据安全，费用较低。缺点是所有的 RAID 功能都由主机来处理，占用较多的系统资源。mdadm 命令用于管理系统软件 RAID，语法格式为：

```
mdadm [模式] <RAID设备名称> [选项] <成员设备名称>
```

mdadm 命令管理 RAID 的动作如表 4-3 所示。

表 4-3 mdadm 命令管理 RAID 的动作

名称	作用
Assemble	将设备加入以前定义的阵列中
Build	创建一个没有超级块的阵列
Create	创建一个新的阵列，每个设备具有超级块
Manage	管理阵列（如添加和删除）
Misc	允许单独对阵列中的某个设备进行操作（如停止阵列）
Follow or Monitor	监控状态
Grow	改变阵列的容量或设备数目

mdadm 命令管理 RAID 的参数如表 4-4 所示。

表 4-4 mdadm 命令管理 RAID 的参数

参数	作用
-a	检测设备名称
-n	指定设备数量
-l	指定 RAID 级别
-C	创建 RAID
-v	显示过程
-f	模拟设备损坏
-r	移除设备
-a	添加设备
-Q	查看摘要信息
-D	查看详细信息
-S	停止阵列

2．ISCSI 存储服务

（1）ISCSI 介绍

ISCSI（Internet Small Computer System Interface，互联网小型计算机系统接口）是通过 TCP/IP 网络传输 SCSI 命令和数据的协议，是一种基于互联网及 SCSI-3 协议下的存储技术，由 IBM、Cisco 共同发起，并于 2003 年 2 月 11 日成为正式技术标准。ISCSI 的目的是使用 IP 协议将存储设备连接在一起，在 TCP/IP 模型中属于应用层协议。

ISCSI 通过网络把服务器端的存储资源（RAID）封装到本地，像使用本地磁盘那样使用网络上的磁盘。ISCSI 将现有 SCSI 接口与以太网（Ethernet）技术结合，基于 TCP/IP 协议连接 ISCSI 服务器端（Target）和客户端（Initiator），使得封装后的 SCSI 数据包可以在通用互联网中传输，最终实现 ISCSI 服务器端映射为一个存储空间（磁盘）提供给已连接认证后的客户端。

（2）ISCSI 与 FC SAN

FC（Fiber Channel，光纤信道）SAN 是一种高速数据存储网络，利用光纤信道和光纤通道交换机实现。FC SAN 的性能很好，但价格贵得惊人，管理起来也非常困难。

ISCSI 利用现有的以太网，用户只需要进行少量的投入，就可以方便、快捷地对信息和数据进行交互式传输和管理。当然 ISCSI 与 FC SAN 相比也存在明显的不足，如存储数据的速度慢、安全可靠性低。

3．KVM 虚拟化技术

KVM 全称是 Kernel-Based Virtual Machine。也就是说，KVM 是基于 Linux 操作系统内核实现的。KVM 有一个内核模块叫作 kvm.ko，只用于管理虚拟 CPU 和内存。I/O 的虚拟化，比如存储和网络设备则是由 Linux 操作系统内核与 Qemu 来实现的。

读者在网上查看 KVM 相关文章时经常会看到 Libvirt 这个工具。Libvirt 就是 KVM 的管理工具。其实，Libvirt 工具除了能管理 KVM 这种 Hypervisor，还能管理 Xen、VirtualBox 等。

（1）KVM 内核模块

KVM 内核模块主要包括 KVM 虚拟化核心模块 KVM.ko，以及与硬件相关的 KVM_intel 和 KVM_AMD 模块，负责 CPU 与内存的虚拟化，包括虚拟机（VM）创建、内存分配与管理、vCPU 执行模式切换等。

它属于标准 Linux 操作系统内核的一部分，是一个专门提供虚拟化功能的模块。

本质上，KVM 是管理虚拟硬件设备的驱动，该驱动使用字符设备**/dev/kvm**（由 KVM 本身创建）作为管理接口，主要负责 vCPU 的创建、虚拟内存的分配、vCPU 寄存器的读/写及 vCPU 的运行。

（2）Qemu 设备虚拟

Qemu 是用户态工具，可以为客户机提供设备虚拟的功能，包括虚拟 BIOS、数据总线、磁盘、网卡、显卡、声卡、键盘、鼠标等。

我们知道 KVM 只负责 CPU 与内存的虚拟化，加载了它以后，用户就可以进一步通过工具创建虚拟机（KVM 提供接口），但仅有 KVM 是不够的，用户无法直接控制内核去做事情（KVM 只提供接口，而怎么创建虚拟机、分配 vCPU 等并不在它上面进行），还必须有一个运行在用户空间的工具才行，KVM 的开发者选择了比较成熟的开源虚拟化软件 Qemu 来作为这个工具，并对其进行了修改，最后形成了 Qemu-KVM。

在 Qemu-KVM 中，KVM 运行在内核空间，Qemu 运行在用户空间，实现虚拟创建，管理各种虚拟硬件，Qemu 将 KVM 整合进来，通过/ioctl 调用/dev/kvm，从而将 CPU 指令的部分交给内核模块来做，KVM 实现了 CPU 和内存的虚拟化，但 KVM 不能虚拟其他硬件设备，因此 Qemu 还有虚拟 I/O 设备（磁盘、网卡、显卡等）的作用，KVM 加上 Qemu 后就是完整意义上的服务器虚拟化。但是，由于 Qemu 虚拟 I/O 设备的效率不高，因此现在常常采用半虚拟化的 virtio 方式来虚拟 I/O 设备。

总而言之，KVM 负责提供对 CPU 与内存的虚拟化。Qemu 负责除 CPU 与内存外的其他设备的虚拟化以及对各种虚拟设备的创建与调用。

任务 1　RAID 的创建与使用

1．任务描述

本任务介绍 RAID 的创建与使用。RAID 是将多个硬盘集成到一个存储设备中，提高存储设备的冗余度和性能的技术。本任务使用 mdadm 工具在虚拟机环境中创建 RAID 0 和 RAID 5，并演示其使用方法。通过对本任务的学习，读者可以掌握 RAID 的创建与使用方法，提高存储设备的读/写性能和可靠性，为实际工作中的存储需求提供帮助。

2．任务分析

（1）节点规划

使用麒麟服务器操作系统进行节点规划，如表 4-5 所示。

表 4-5　节点规划

IP 地址	主 机 名	节　　点
192.168.111.10	localhost	麒麟服务器操作系统服务器端

（2）基础准备

使用 VMware Workstation 最小化安装一台虚拟机，配置使用 1vCPU/2GB 内存/40GB 硬盘，镜像使用 Kylin-Server-10-SP2-Release-Build09-20210524-x86_64.iso，网络使用 NAT 模式，并将 NAT 模式的网段配置成 192.168.111.0/24。虚拟机安装完成之后，配置虚拟机的 IP 地址（用户可自行配置 IP 地址，此处配置的 IP 地址为 192.168.111.10），并使用远程连接工具进行连接。

创建 RAID 需要若干个硬盘，因此使用 VMware Workstation 为虚拟机添加 4 个大小为 20GB 的硬盘。

使用 VMware Workstation 为虚拟机添加一个大小为 20GB 的硬盘，方法如下。

在 VMware Workstation 的"虚拟机设置"界面中，单击下方"添加"按钮，选择"硬盘"选项，单击右下角"下一步"按钮，如图 4-5 所示。

选中"SCSI"单选按钮，单击右下角"下一步"按钮，如图 4-6 所示。

选中"创建新虚拟磁盘"单选按钮，单击右下角"下一步"按钮，如图 4-7 所示。

单元 4　麒麟服务器操作系统存储与虚拟化技术

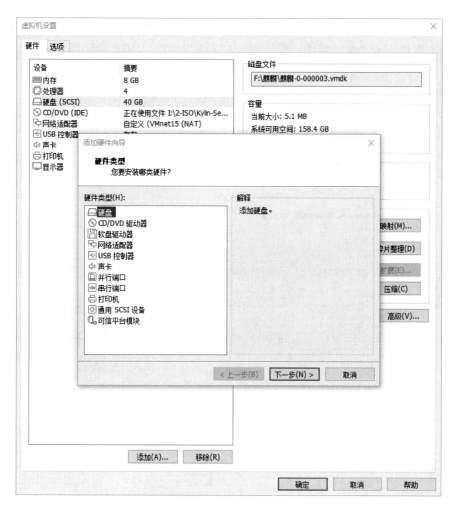

图 4-5　添加硬盘

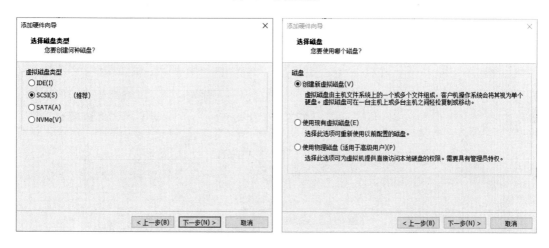

图 4-6　选择磁盘类型　　　　　　　　　图 4-7　选择磁盘

指定磁盘大小为20GB,选中"将虚拟磁盘拆分成多个文件"单选按钮,如图4-8所示。文件名不做修改,使用默认名称,单击右下角"完成"按钮,如图4-9所示。

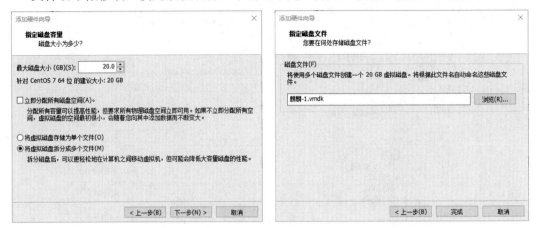

图4-8　指定磁盘容量　　　　　　　　　图4-9　指定磁盘文件

其他3个硬盘的添加方法与上述操作一样,硬盘添加完成后的效果如图4-10所示。

图4-10　硬盘添加完成

重启虚拟机。重启后，使用如下命令查看硬盘：

```
[root@raid ~]# lsblk
NAME             MAJ:MIN RM SIZE RO TYPE MOUNTPOINT
sda                8:0    0  40G  0 disk
├─sda1             8:1    0   1G  0 part /boot
└─sda2             8:2    0  39G  0 part
  ├─klas-root    253:0    0  35G  0 lvm  /
  └─klas-swap    253:1    0   4G  0 lvm  [SWAP]
sdb                8:16   0  20G  0 disk
sdc                8:32   0  20G  0 disk
sdd                8:48   0  20G  0 disk
sde                8:64   0  20G  0 disk
sr0               11:0    1   4G  0 rom
```

可以看到存在 4 个设备（即 sdb、sdc、sdd、sde），大小都为 20GB。

3. 任务实施

（1）创建 RAID 0

创建 RAID 0 级别的磁盘冗余阵列最少需要 2 个硬盘，利用这 2 个大小为 20GB 的硬盘组建磁盘冗余阵列 RAID 0 来模拟 1 个大小为 40GB 的硬盘。首先查看当前硬盘数量与大小，命令如下：

```
[root@raid ~]# lsblk
NAME             MAJ:MIN RM SIZE RO TYPE MOUNTPOINT
sda                8:0    0  40G  0 disk
├─sda1             8:1    0   1G  0 part /boot
└─sda2             8:2    0  39G  0 part
  ├─klas-root    253:0    0  35G  0 lvm  /
  └─klas-swap    253:1    0   4G  0 lvm  [SWAP]
sdb                8:16   0  20G  0 disk
sdc                8:32   0  20G  0 disk
sdd                8:48   0  20G  0 disk
sde                8:64   0  20G  0 disk
sr0               11:0    1   4G  0 rom
```

（2）配置 yum 源

使用远程传输工具将 Kylin-Server-10-SP2-Release-Build09-20210524-x86_64.iso 软件包上传至/root 目录下，创建文件夹并挂载，命令如下：

```
[root@ftp ~]# mkdir /opt/kylin
[root@ftp ~]# mount Kylin-Server-10-SP2-Release-Build09-20210524-x86_64.iso /opt/kylin
mount: /opt/kylin: WARNING: source write-protected, mounted read-only.
```

配置本地 yum 源，首先将/etc/yum.repos.d/目录下的文件删除，然后创建 local.repo 文件，命令如下：

```
[root@ftp ~]# rm -rf /etc/yum.repos.d/*
[root@ftp ~]# vi /etc/yum.repos.d/local.repo
```

local.repo 文件的内容如下：

```
[kylin]
name=kylin
baseurl=file:///opt/kylin
gpgcheck=0
enabled=1
```

至此，yum 源配置完成。

（3）安装 RAID 管理软件

使用已有的 yum 源安装 mdadm 工具，命令如下：

```
[root@raid ~]# yum install -y mdadm
上次元数据过期检查：0:00:24 前，执行于 2023 年 02 月 16 日 星期四 17 时 29 分 09 秒。
软件包 mdadm-4.1-rc2.0.9.ky10.x86_64 已安装。
依赖关系解决。
无须任何处理。
完毕！
```

创建一个 RAID 0 设备：这里使用/dev/sdb 和/dev/sdc 进行演示。

通过/dev/sdb 和/dev/sdc 建立 RAID 等级为 RAID 0 的 md0（设备名）。

```
[root@raid ~]# mdadm -Cv /dev/md0 -l 0 -n 2 /dev/sdb /dev/sdc
mdadm: chunk size defaults to 512K
mdadm: Defaulting to version 1.2 metadata
mdadm: array /dev/md0 started.
```

参数解析如下。

- -Cv：创建设备，并显示信息。
- -l 0：RAID 的等级为 RAID 0。
- -n 2：创建 2 个 RAID 的设备。

查看系统上的 RAID，命令及返回结果如下：

```
[root@raid ~]# cat /proc/mdstat
Personalities : [raid0]
md0 : active raid0 sdc[1] sdb[0]
      41908224 blocks super 1.2 512k chunks

unused devices: <none>
```

查看 RAID 详细信息，命令及返回结果如下：

```
[root@raid ~]# mdadm -Ds
ARRAY /dev/md0 metadata=1.2 name=raid:0 UUID=b152ca0b:6818980b:96441c84:bdd1a7f9
[root@raid ~]# mdadm -D /dev/md0
/dev/md0:
           Version : 1.2
```

```
        Creation Time : Thu Feb 16 17:30:39 2023
           Raid Level : raid0
           Array Size : 41908224 (39.97 GiB 42.91 GB)
         Raid Devices : 2
        Total Devices : 2
          Persistence : Superblock is persistent

          Update Time : Thu Feb 16 17:30:39 2023
                State : clean
       Active Devices : 2
      Working Devices : 2
       Failed Devices : 0
        Spare Devices : 0

           Chunk Size : 512K

   Consistency Policy : none

                 Name : raid:0  (local to host raid)
                 UUID : b152ca0b:6818980b:96441c84:bdd1a7f9
               Events : 0

    Number   Major   Minor   RaidDevice State
       0       8       16        0      active sync   /dev/sdb
       1       8       32        1      active sync   /dev/sdc
```

生成配置文件 mdadm.conf，命令如下：

```
[root@raid ~]# mdadm -Ds > /etc/mdadm.conf
```

（4）挂载 RAID

对创建的 RAID 进行文件系统的创建并挂载，命令如下：

```
[root@raid ~]# mkfs.xfs /dev/md0
log stripe unit (524288 bytes) is too large (maximum is 256KiB)
log stripe unit adjusted to 32KiB
meta-data=/dev/md0                  isize=512    agcount=16, agsize=654720 blks
         =                          sectsz=512   attr=2, projid32bit=1
         =                          crc=1        finobt=1, sparse=1, rmapbt=0
         =                          reflink=1
data     =                          bsize=4096   blocks=10475520, imaxpct=25
         =                          sunit=128    swidth=256 blks
naming   =version 2                 bsize=4096   ascii-ci=0, ftype=1
log      =internal log              bsize=4096   blocks=5120, version=2
         =                          sectsz=512   sunit=8 blks, lazy-count=1
realtime =none                      extsz=4096   blocks=0, rtextents=0
[root@raid ~]# mkdir /raid0/
```

```
[root@raid ~]# mount /dev/md0 /raid0/
[root@raid ~]# df -Th /raid0/
文件系统        类型    容量   已用   可用   已用%  挂载点
/dev/md0        xfs     40G   319M   40G    1%    /raid0
```

设置成开机自动挂载，命令如下：

```
[root@raid ~]# blkid /dev/md0
/dev/md0: UUID="fe0a2758-7522-4f1e-bd06-37eed8304c89" BLOCK_SIZE="512"
TYPE="xfs"
[root@raid ~]# echo "UUID=fe0a2758-7522-4f1e-bd06-37eed8304c89 /raid0 xfs
defaults 0 0" >> /etc/fstab
```

（5）删除 RAID

删除 RAID 的命令如下：

```
[root@raid ~]# umount /raid0/
[root@raid ~]# mdadm -S /dev/md0
mdadm: stopped /dev/md0
[root@raid ~]# rm -rf /etc/mdadm.conf
[root@raid ~]# rm -rf /raid0/
[root@raid ~]# mdadm --zero-superblock /dev/sdb
[root@raid ~]# mdadm --zero-superblock /dev/sdc
[root@raid ~]# vi /etc/fstab
// 删除此行
UUID=fe0a2758-7522-4f1e-bd06-37eed8304c89 /raid0 xfs defaults 0 0
```

（6）创建 RAID 5

创建 RAID 5 级别的磁盘冗余阵列最少需要 3 个硬盘，此处使用 4 个硬盘进行演示，首先使用 3 个硬盘构建 1 个 RAID 5，然后使用 1 个硬盘作为热备盘。具体命令如下：

```
[root@raid ~]# mdadm -Cv /dev/md5 -l5 -n3 /dev/sdb /dev/sdc /dev/sdd --
spare-devices=1 /dev/sde
   mdadm: layout defaults to left-symmetric
   mdadm: layout defaults to left-symmetric
   mdadm: chunk size defaults to 512K
   mdadm: size set to 20954112K
   mdadm: Defaulting to version 1.2 metadata
   mdadm: array /dev/md5 started.
```

查看 RAID 的详细信息，命令如下：

```
[root@raid ~]# mdadm -D /dev/md5
/dev/md5:
           Version : 1.2
     Creation Time : Thu Feb 16 17:39:59 2023
        Raid Level : raid5
        Array Size : 41908224 (39.97 GiB 42.91 GB)
     Used Dev Size : 20954112 (19.98 GiB 21.46 GB)
      Raid Devices : 3
     Total Devices : 4
```

```
         Persistence : Superblock is persistent

         Update Time : Thu Feb 16 17:40:06 2023
               State : clean, degraded, recovering
      Active Devices : 2
     Working Devices : 4
      Failed Devices : 0
       Spare Devices : 2

              Layout : left-symmetric
          Chunk Size : 512K

  Consistency Policy : resync

      Rebuild Status : 11% complete

                Name : raid:5  (local to host raid)
                UUID : 78a2db70:0525288c:102b2f77:2bf2bdb2
              Events : 2

    Number   Major   Minor   RaidDevice State
       0       8       16        0      active sync   /dev/sdb
       1       8       32        1      active sync   /dev/sdc
       4       8       48        2      spare rebuilding   /dev/sdd
       3       8       64        -      spare   /dev/sde
```

至此，RAID 5 热备盘创建完成，使用方法与 RAID 0 相同。下面对 RAID 进行故障模拟。

（7）模拟故障恢复

在模拟硬盘故障恢复之前，先确定 State 为 clean：

```
[root@raid ~]# mdadm -f /dev/md5 /dev/sdb
mdadm: set /dev/sdb faulty in /dev/md5
```

查看 RAID 的详细信息，命令如下：

```
[root@raid ~]# mdadm -D /dev/md5
/dev/md5:
             Version : 1.2
       Creation Time : Thu Feb 16 17:45:47 2023
          Raid Level : raid5
          Array Size : 41908224 (39.97 GiB 42.91 GB)
       Used Dev Size : 20954112 (19.98 GiB 21.46 GB)
        Raid Devices : 3
       Total Devices : 4
         Persistence : Superblock is persistent

         Update Time : Thu Feb 16 17:48:54 2023
               State : clean, degraded, recovering
```

```
        Active Devices : 2
       Working Devices : 3
        Failed Devices : 1
         Spare Devices : 1

                Layout : left-symmetric
            Chunk Size : 512K

    Consistency Policy : resync

         Rebuild Status : 5% complete

                  Name : raid:5  (local to host raid)
                  UUID : d5493455:8323fa0e:562c0b39:0cb6393e
                Events : 20

    Number   Major   Minor   RaidDevice State
       3       8       64        0      spare rebuilding   /dev/sde
       1       8       32        1      active sync        /dev/sdc
       4       8       48        2      active sync        /dev/sdd
       0       8       16        -      faulty             /dev/sdb
```

从以上结果中可以发现原来的热备盘/dev/sde 正在参与 RAID 5 的重建，而原来的/dev/sdb 变成了故障盘。

热移除故障盘，命令如下：

```
[root@raid ~]# mdadm -r /dev/md5 /dev/sdb
mdadm: hot removed /dev/sdb from /dev/md5
```

查看 RAID 的详细信息，命令如下：

```
[root@raid ~]# mdadm -D /dev/md5
/dev/md5:
           Version : 1.2
     Creation Time : Thu Feb 16 17:45:47 2023
        Raid Level : raid5
        Array Size : 41908224 (39.97 GiB 42.91 GB)
     Used Dev Size : 20954112 (19.98 GiB 21.46 GB)
      Raid Devices : 3
     Total Devices : 3
       Persistence : Superblock is persistent

       Update Time : Thu Feb 16 17:49:47 2023
             State : clean, degraded, recovering
    Active Devices : 2
   Working Devices : 3
    Failed Devices : 0
     Spare Devices : 1
```

```
             Layout : left-symmetric
         Chunk Size : 512K

 Consistency Policy : resync

     Rebuild Status : 54% complete

               Name : raid:5  (local to host raid)
               UUID : d5493455:8323fa0e:562c0b39:0cb6393e
             Events : 29

     Number   Major   Minor   RaidDevice State
        3       8       64        0      spare rebuilding   /dev/sde
        1       8       32        1      active sync        /dev/sdc
        4       8       48        2      active sync        /dev/sdd
```

格式化 RAID 并进行挂载，命令如下：

```
[root@raid ~]# mkfs.xfs -f /dev/md5
log stripe unit (524288 bytes) is too large (maximum is 256KiB)
log stripe unit adjusted to 32KiB
meta-data=/dev/md5               isize=512    agcount=16, agsize=654720 blks
         =                       sectsz=512   attr=2, projid32bit=1
         =                       crc=1        finobt=1, sparse=1, rmapbt=0
         =                       reflink=1
data     =                       bsize=4096   blocks=10475520, imaxpct=25
         =                       sunit=128    swidth=256 blks
naming   =version 2              bsize=4096   ascii-ci=0, ftype=1
log      =internal log           bsize=4096   blocks=5120, version=2
         =                       sectsz=512   sunit=8 blks, lazy-count=1
realtime =none                   extsz=4096   blocks=0, rtextents=0
```

RAID 又可以正常挂载使用了。

任务 2 ISCSI 存储服务部署

1. 任务描述

本任务介绍基于 IP-SAN 的网络存储 ISCSI 技术在 Linux 操作系统环境下的配置和使用。ISCSI 凭借其低廉的构建成本和优秀的存储性能，在企业存储领域得到广泛应用。ISCSI 通过网络传输 SCSI 命令和数据，将存储设备虚拟化成磁盘驱动器，使得用户可以通过网络访问存储设备，实现共享和集中管理。本任务详细介绍 ISCSI 在 Linux 操作系统中的配置和使用。通过对本任务的学习，读者将能够了解 ISCSI 技术的基本概念、实现方法和常见应用场景，并掌握在 Linux 操作系统中配置和使用 ISCSI 的方法。

2. 任务分析

(1) 节点规划

使用麒麟服务器操作系统进行节点规划,如表 4-6 所示。

表 4-6 节点规划

IP 地址	主 机 名	节 点
192.168.111.10	server	麒麟服务器操作系统服务器端
192.168.111.11	client	麒麟服务器操作系统客户端

(2) 基础准备

使用 VMware Workstation 最小化安装一台虚拟机,配置使用 1vCPU/2GB 内存/40GB 硬盘,镜像使用 Kylin-Server-10-SP2-Release-Build09-20210524-x86_64.iso,网络使用 NAT 模式,并将 NAT 模式的网段配置成 192.168.111.0/24。虚拟机安装完成之后,配置虚拟机的 IP 地址(用户可自行配置 IP 地址,此处服务器端配置的 IP 地址为 192.168.111.10,客户端配置的 IP 地址为 192.168.111.11),并使用远程连接工具进行连接。

配置 ISCSI 至少需要一个硬盘,使用 VMware Workstation 为虚拟机添加一个大小为 20GB 的硬盘。

在 VMware Workstation 的"虚拟机设置"界面中,单击下方"添加"按钮,选择"硬盘"选项,单击右下角"下一步"按钮,如图 4-11 所示。

图 4-11 添加硬盘

单元 4 麒麟服务器操作系统存储与虚拟化技术

选中"SCSI"单选按钮,单击右下角"下一步"按钮,如图 4-12 所示。

选中"创建新虚拟磁盘"单选按钮,单击右下角"下一步"按钮,如图 4-13 所示。

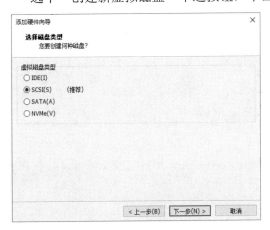

图 4-12 选择磁盘类型

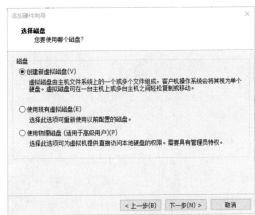

图 4-13 选择磁盘

指定磁盘大小为 20GB,选中"将虚拟磁盘拆分成多个文件"单选按钮,如图 4-14 所示。
文件名不做修改,使用默认名称,单击右下角"完成"按钮,如图 4-15 所示。

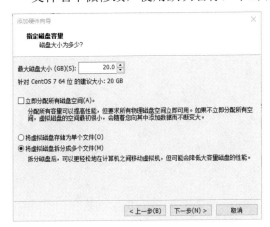

图 4-14 指定磁盘容量

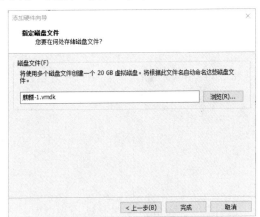

图 4-15 指定磁盘文件

重启虚拟机。重启后,使用如下命令查看硬盘:

```
[root@server ~]# lsblk
NAME          MAJ:MIN RM  SIZE RO TYPE MOUNTPOINT
sda             8:0    0   40G  0 disk
├─sda1          8:1    0    1G  0 part /boot
└─sda2          8:2    0   39G  0 part
  ├─klas-root 253:0    0   35G  0 lvm  /
  └─klas-swap 253:1    0    4G  0 lvm  [SWAP]
sdb             8:16   0   20G  0 disk
```

可以看到存在一个设备,即 sdb,大小为 20GB。

3. 任务实施

（1）服务器端配置

① 设置主机名。

使用远程连接工具连接至 192.168.111.10，修改主机名为 server，命令如下：

```
[root@localhost ~]# hostnamectl set-hostname server
[root@localhost ~]# bash
[root@server ~]# hostname
server
```

② 配置 yum 源。

使用远程传输工具将 Kylin-Server-10-SP2-Release-Build09-20210524-x86_64.iso 软件包上传至/root 目录下，创建文件夹并挂载，命令如下：

```
[root@server ~]# mkdir /opt/kylin
[root@server ~]# mount Kylin-Server-10-SP2-Release-Build09-20210524-x86_64.iso /opt/kylin
mount: /opt/kylin: WARNING: source write-protected, mounted read-only.
```

配置本地 yum 源，首先将/etc/yum.repos.d/目录下的文件删除，然后创建 local.repo 文件，命令如下：

```
[root@server ~]# rm -rf /etc/yum.repos.d/*
[root@server ~]# vi /etc/yum.repos.d/local.repo
```

local.repo 文件的内容如下：

```
[kylin]
name=kylin
baseurl=file:///opt/kylin
gpgcheck=0
enabled=1
```

至此，yum 源配置完成。

③ 关闭 SELinux 服务与防火墙。

在安装 ISCSI 服务之前，需要先关闭 SELinux 服务与防火墙，命令如下：

```
[root@server ~]# setenforce 0
[root@server ~]# systemctl stop firewalld
```

④ 安装 ISCSI 服务。

使用如下命令安装 ISCSI 服务：

```
[root@server ~]# yum install targetcli -y
```

安装完成后，输入"targetcli"，进入 target 交互配置界面，命令如下：

```
[root@server ~]# targetcli
Warning: Could not load preferences file /root/.targetcli/prefs.bin.
targetcli shell version 2.1.fb48
Copyright 2011-2013 by Datera, Inc and others.
```

```
For help on commands, type 'help'.

/>
```

查看当前的所有配置:

```
/> ls
o- / ......................................................... [...]
  o- backstores .............................................. [...]
  | o- block ............................... [Storage Objects: 0]
  | o- fileio .............................. [Storage Objects: 0]
  | o- pscsi ............................... [Storage Objects: 0]
  | o- ramdisk ............................. [Storage Objects: 0]
  o- iscsi .......................................... [Targets: 0]
  o- loopback ....................................... [Targets: 0]
  o- vhost .......................................... [Targets: 0]
  o- xen-pvscsi ..................................... [Targets: 0]
```

解释如下。

- backstores：存储后端的配置目录，用于定义不同的存储对象类型。
- block：块设备（Block Devices）的存储对象。
- fileio：文件系统（File System）的存储对象。
- pscsi：物理 SCSI（Physical SCSI）的存储对象。
- ramdisk：RAM 磁盘的存储对象。
- iscsi、loopback、vhost 和 xen-pvscsi：不同类型的目标（Targets）。
  - iscsi：表示 ISCSI 目标，即可以通过 ISCSI 协议访问的设备。
  - loopback：表示环回目标，用于在本地模拟 ISCSI 目标。
  - vhost：表示虚拟主机目标，在虚拟化环境中使用。
  - xen-pvscsi：表示 Xen 虚拟机使用的 PVSCSI 目标。

⑤ 创建后端存储。

首先利用新增的磁盘创建块存储对象 kyshare1，命令如下：

```
/> cd /backstores/block
/backstores/block> create kyshare1 /dev/sdb
Created block storage object kyshare1 using /dev/sdb.
```

然后创建 iqn 对象（ISCSI Target）。

iqn 命名规则：必须以 iqn 开头；后面是年份和月份，中间用横杠隔开，注意月份必须是双数，如果是 2021 年 7 月，也必须写成 2021-07，否则无法通过校验；再后面是倒写的域名，比如域名是 b**du.com，就需要倒写成 com.b**du，域名部分的校验不是很严格。

```
/backstores/block> cd /iscsi
/iscsi> create iqn.2024-02.kylin.server
Created target iqn.2024-02.kylin.server.
Created TPG 1.
Global pref auto_add_default_portal=true
Created default portal listening on all IPs (0.0.0.0), port 3260.
```

将 iqn 与后端存储绑定：

```
/iscsi> iqn.2024-02.kylin.server/tpg1/luns create /backstores/block/kyshare1
  Created LUN 0.
```

授权客户端 iqn：

```
/iscsi> iqn.2024-02.kylin.server/tpg1/acls create iqn.2024-02.kylin.server:client
  Created Node ACL for iqn.2024-02.kylin.server:client
  Created mapped LUN 0.
```

指定监听地址及本机端口：

```
/iscsi> iqn.2024-02.kylin.server/tpg1/portals/ create 0.0.0.0 3260
Using default IP port 3260
Binding to INADDR_ANY (0.0.0.0)
This NetworkPortal already exists in configFS
```

退出编辑，重启服务：

```
/iscsi> exit
Global pref auto_save_on_exit=true
Configuration saved to /etc/target/saveconfig.json
[root@server ~]# systemctl restart target.service
```

（2）客户端配置

① 设置主机名。

使用远程连接工具连接至 192.168.111.11，修改主机名为 client，命令如下：

```
[root@localhost ~]# hostnamectl set-hostname client
[root@localhost ~]# bash
[root@client ~]# hostname
client
```

② 配置 yum 源。

使用远程传输工具将 Kylin-Server-10-SP2-Release-Build09-20210524-x86_64.iso 软件包上传至/root 目录下，创建文件夹并挂载，命令如下：

```
[root@client ~]# mkdir /opt/kylin
[root@client ~]# mount Kylin-Server-10-SP2-Release-Build09-20210524-x86_64.iso /opt/kylin
mount: /opt/kylin: WARNING: source write-protected, mounted read-only.
```

配置本地 yum 源，首先将/etc/yum.repos.d/目录下的文件删除，然后创建 local.repo 文件，命令如下：

```
[root@server ~]# rm -rf /etc/yum.repos.d/*
[root@server ~]# vi /etc/yum.repos.d/local.repo
```

local.repo 文件的内容如下：

```
[kylin]
name=kylin
```

```
baseurl=file:///opt/kylin
gpgcheck=0
enabled=1
```

至此，yum 源配置完成。

③ 关闭 SELinux 服务与防火墙。

在使用客户端访问 ISCSI 服务之前，需要先关闭 SELinux 服务与防火墙，命令如下：

```
[root@client ~]# setenforce 0
[root@client ~]# systemctl stop firewalld
```

④ 安装 ISCSI 服务。

使用如下命令安装 ISCSI 服务：

```
[root@client ~]# yum -y install iscsi-initiator-utils
```

⑤ 修改客户端配置。

修改配置文件（先输入"i"进入编辑模式，修改完成后按"Esc"键，输入":wq"并按"Enter"键）。

此处的 iqn 为上一个案例所创建的 iqn：

```
[root@client ~]# vi /etc/iscsi/initiatorname.iscsi
InitiatorName=iqn.2024-02.kylin.server:client
```

⑥ 安装 ISCSI 客户端并连接 ISCSI 服务。

在连接以前，先重启客户端 iscsid 服务，命令如下：

```
[root@client ~]# systemctl restart iscsid
```

重启后，使用 iscsiadm 命令发现服务器端所共享的磁盘，命令如下：

```
[root@client ~]# iscsiadm --mode discoverydb --type sendtargets --portal 192.168.111.10 --discover
   192.168.111.10:3260,1 iqn.2024-02.kylin.server
```

发现后，使用 iscsiadm 命令登录服务器端所共享的磁盘，命令如下：

```
[root@client ~]# iscsiadm -m node --login
 Logging in to [iface: default, target: iqn.2024-02.kylin.server, portal: 192.168.111.10,3260]
 Login to [iface: default, target: iqn.2024-02.kylin.server, portal: 192.168.111.10,3260] successful.
```

最后可以发现系统多出来一个 sdb，这个就是服务器端共享的磁盘，命令如下：

```
[root@client ~]# lsblk
NAME            MAJ:MIN RM  SIZE RO TYPE MOUNTPOINT
sda               8:0    0   40G  0 disk
├─sda1            8:1    0    1G  0 part /boot
└─sda2            8:2    0   39G  0 part
  ├─klas-root  253:0    0   35G  0 lvm  /
  └─klas-swap  253:1    0    4G  0 lvm  [SWAP]
sdb               8:16   0   20G  0 disk
sr0              11:0    1    4G  0 rom  /mnt
```

任务3 KVM 虚拟化运维管理

1．任务描述

本任务介绍基于 KVM 虚拟化的运维管理，主要包括虚拟机的创建、网络配置，以及开启虚拟化环境等操作。KVM 是 Linux 操作系统内核中自带的一种虚拟化技术，可以将物理服务器分成多台虚拟机，实现资源共享和灵活部署。通过对本任务的学习，读者可以掌握 KVM 虚拟化的基本原理和操作方法，能够有效地管理和维护 KVM 虚拟化环境，提高系统的可用性和稳定性。

2．任务分析

（1）节点规划

使用麒麟服务器操作系统进行节点规划，如表4-7所示。

表4-7 节点规划

IP 地址	主 机 名	节　　点
192.168.111.10	localhost	麒麟服务器操作系统服务器端

（2）基础准备

使用 VMware Workstation 最小化安装一台虚拟机，配置使用 1vCPU/2GB 内存/40GB 硬盘，镜像使用 Kylin-Server-10-SP2-Release-Build09-20210524-x86_64.iso，网络使用 NAT 模式，并将 NAT 模式的网段配置成 192.168.111.0/24。虚拟机安装完成之后，配置虚拟机的 IP 地址（用户可自行配置 IP 地址，此处配置的 IP 地址为 192.168.111.10），并使用远程连接工具进行连接。

因为进行 KVM 实验需要虚拟机支持虚拟化功能，所以需要在 VMware Workstation 中开启虚拟化功能，操作如下，如图4-16所示。

开启"虚拟化 Intel VT-x/EPT 或 AMD-V/RVI(V)"功能，进入系统后，可以通过以下命令检查是否开启成功，有返回信息则说明开启成功，无返回信息则说明没有开启成功：

```
[root@kvm ~]# egrep "(vmx|svm)" /proc/cpuinfo
flags           : fpu vme de pse tsc msr pae mce cx8 apic sep mtrr pge mca
cmov pat pse36 clflush mmx fxsr sse sse2 ht syscall nx mmxext fxsr_opt pdpe1gb
rdtscp lm constant_tsc rep_good nopl xtopology tsc_reliable nonstop_tsc cpuid
extd_apicid pni pclmulqdq ssse3 fma cx16 sse4_1 sse4_2 x2apic movbe popcnt
aes xsave avx f16c rdrand hypervisor lahf_lm cmp_legacy svm extapic cr8_legacy
abm sse4a misalignsse 3dnowprefetch osvw topoext ibpb vmmcall fsgsbase bmi1
avx2 smep bmi2 erms invpcid rdseed adx smap clflushopt clwb sha_ni xsaveopt
xsavec xgetbv1 xsaves clzero arat npt svm_lock nrip_save vmcb_clean
flushbyasid decodeassists umip pku ospke vaes vpclmulqdq rdpid overflow_recov
succor
```

图 4-16　开启虚拟化功能

3．任务实施

① 设置主机名。

使用远程连接工具连接至 192.168.111.10，修改主机名为 kvm，命令如下：

```
[root@kvm ~]# hostnamectl set-hostname kvm
[root@kvm ~]# bash
[root@kvm ~]# hostname
kvm
```

② 配置 yum 源。

使用远程传输工具将 Kylin-Server-10-SP2-Release-Build09-20210524-x86_64.iso 软件包上传至/root 目录下，创建文件夹并挂载，命令如下：

```
[root@kvm ~]# mkdir /opt/kylin
[root@kvm ~]# mount Kylin-Server-10-SP2-Release-Build09-20210524-x86_64.iso /opt/kylin
mount: /opt/kylin: WARNING: source write-protected, mounted read-only.
```

配置本地 yum 源，首先将 /etc/yum.repos.d/ 目录下的文件删除，然后创建 local.repo 文件，命令如下：

```
[root@kvm ~]# rm -rf /etc/yum.repos.d/*
[root@kvm ~]# vi /etc/yum.repos.d/local.repo
```

local.repo 文件的内容如下：

```
[kylin]
name=kylin
baseurl=file:///opt/kylin
gpgcheck=0
enabled=1
```

至此，yum 源配置完成。

③ 关闭 SELinux 服务与防火墙。

在安装 KVM 服务之前，还需要先关闭 SELinux 服务与防火墙，命令如下：

```
[root@kvm ~]# setenforce 0
[root@kvm ~]# systemctl stop firewalld
```

④ 安装 KVM 服务。

因为 KVM 由非常多的服务组成，所以通过组包的方式进行安装，命令如下：

```
[root@kvm ~]# yum -y groupinstall "虚拟化主机"
```

安装完成后，启动服务，并测试服务是否正常开启，命令如下：

```
[root@kvm ~]# systemctl start libvirtd
[root@kvm ~]# systemctl enable libvirtd
[root@kvm ~]# virsh list
 Id   名称   状态
-------------------- >
```

⑤ virsh 命令简介。

virsh 为英文词组 virtualization shell 的缩写，中文译为虚拟化终端，用于管理虚拟机系统，主要应用于 Xen、QEMU、KVM、LXC、OpenVZ、VirtualBox 和 VMware ESX。

virsh 是用于管理虚拟化环境中客户机和 Hypervisor 的命令行工具，是 Libvirt 项目中的开源软件，使用方法与 virt-manager 命令十分类似，它们都是系统管理员通过脚本程序实现虚拟化自动部署和管理的理想工具。virsh 命令参数详解如表 4-8 所示。

表 4-8 virsh 命令参数详解

参数	功能
nodememstats	获取主机内存信息
nodecpustats	获取虚拟机监控程序的 CPU 信息
list --all	获取来宾虚拟机的数量
net-list	获取可用于客户端的所有网络信息
dominfo	获取客户机硬件信息
shutdown 虚拟机名称	关闭虚拟机

续表

参　数	功　能
start 虚拟机名称	启动虚拟机
reboot 虚拟机名称	重启虚拟机
destroy	强行关闭或毁坏机器

⑥ 获取主机内存信息，命令如下：

```
[root@server ~]# virsh nodememstats
total   :       6824264 KiB
free    :       5947492 KiB
buffers:           2708 KiB
cached  :        343896 KiB
```

⑦ 获取虚拟机监控程序的 CPU 信息，命令如下：

```
[root@server ~]# virsh nodecpustats
用户：          16630000000
系统：          19440000000
闲置：        7497780000000
iowait:           690000000
```

⑧ 获取来宾虚拟机的数量，命令如下：

```
[root@server ~]# virsh list --all
 Id    名称       状态
-------------------
```

⑨ 获取可用于客户端的所有网络信息，命令如下：

```
[root@server ~]# virsh net-list
 名称       状态      自动开始   持久
---------------------------------
 default    活动      是         是
```

⑩ 将 cirros-0.3.4-x86_64-disk.img、qemu-ifup-NAT 分别上传至虚拟机，命令如下：

```
[root@server ~]# ls
anaconda-ks.cfg              initial-setup-ks.cfg
cirros-0.3.4-x86_64-disk.img qemu-ifup-NAT
```

⑪ 赋予脚本可执行权限，命令如下：

```
[root@server ~]# chmod +x qemu-ifup-NAT
```

⑫ 利用 qemu-kvm 命令启动虚拟机，命令如下：

```
[root@localhost ~]#  qemu-kvm -m 1024 -drive file=/root/cirros-0.3.4-x86_64-disk.img,if=virtio -net nic,model=virtio -net tap,script=/root/qemu-ifup-NAT -nographic -vnc :1
```

待虚拟机启动完成后可显示其登录信息，如图 4-17 所示。

⑬ 查询系统路由信息。

通过以上命令生成了一台虚拟机和一个网桥，还有一个虚拟机对应的接口 tap0。

因为此时 SSH 窗口处于 VNC View 状态，所以需要先克隆一个会话，如图 4-18 所示。

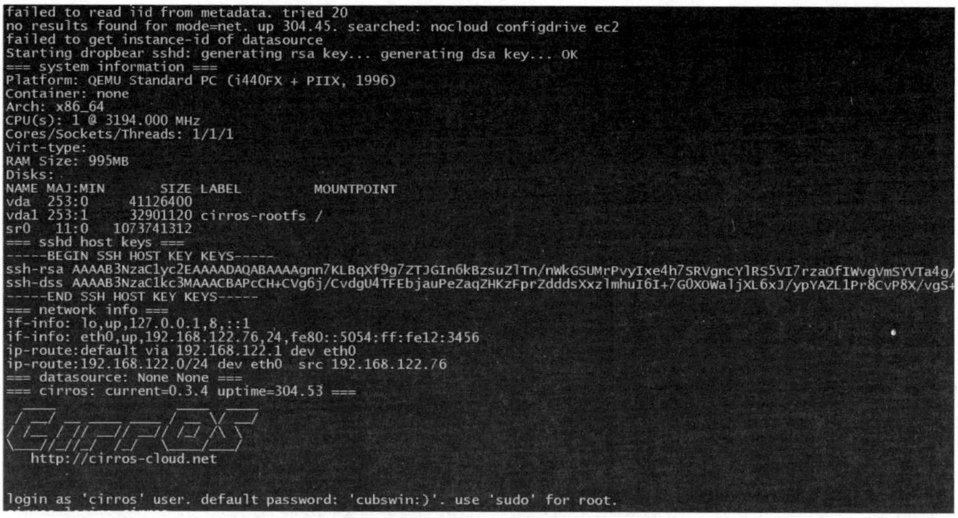

图 4-17 登录信息

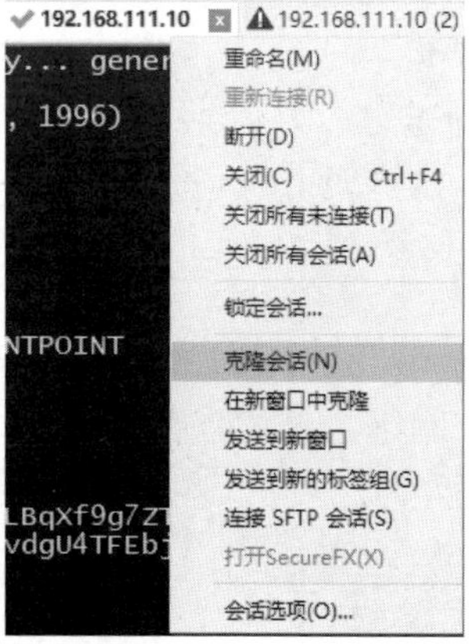

图 4-18 克隆会话

在新的窗口上查询 VNC 开放端口，命令如下：

```
[root@server ~]# netstat -lntp
Active Internet connections (only servers)
Proto Recv-Q Send-Q Local Address          Foreign Address      State       PID/Program name
tcp        0      0 0.0.0.0:5901           0.0.0.0:*            LISTEN      4730/qemu-kvm
tcp        0      0 0.0.0.0:111            0.0.0.0:*            LISTEN      875/rpcbind
tcp        0      0 192.168.122.1:53       0.0.0.0:*            LISTEN      1847/dnsmasq
tcp        0      0 0.0.0.0:22             0.0.0.0:*            LISTEN      1081/sshd: /usr/sbi
tcp6       0      0 :::5901                :::*                 LISTEN      4730/qemu-kvm
```

```
    tcp6        0       0 :::111                    :::*                    LISTEN
875/rpcbind
    tcp6        0       0 :::22                     :::*                    LISTEN
1081/sshd: /usr/sbi
    tcp6        0       0 :::9090                   :::*                    LISTEN
1/systemd
```

返回一开始的界面，登录系统，账号为"cirros"，密码为"cubswin:)"。

列举出此虚拟机的 IP 地址、子网掩码等信息，也可以看出此系统的路由信息，如图 4-19 所示。

```
login as 'cirros' user. default password: 'cubswin:)'. use 'sudo' for root.
cirros login: cirros
Password:
$ ip a
1: lo: <LOOPBACK,UP,LOWER_UP> mtu 16436 qdisc noqueue
    link/loopback 00:00:00:00:00:00 brd 00:00:00:00:00:00
    inet 127.0.0.1/8 scope host lo
    inet6 ::1/128 scope host
       valid_lft forever preferred_lft forever
2: eth0: <BROADCAST,MULTICAST,UP,LOWER_UP> mtu 1500 qdisc pfifo_fast qlen 1000
    link/ether 52:54:00:12:34:56 brd ff:ff:ff:ff:ff:ff
    inet 192.168.122.76/24 brd 192.168.122.255 scope global eth0
    inet6 fe80::5054:ff:fe12:3456/64 scope link
       valid_lft forever preferred_lft forever
$ route -n
Kernel IP routing table
Destination     Gateway         Genmask         Flags Metric Ref    Use Iface
0.0.0.0         192.168.122.1   0.0.0.0         UG    0      0        0 eth0
192.168.122.0   0.0.0.0         255.255.255.0   U     0      0        0 eth0
$
```

图 4-19　虚拟机系统路由信息

⑭ 查询网桥的接口信息。

查询系统的网桥信息，可以看出 virbr0 网桥挂载的接口信息：

```
[root@server ~]# brctl show
bridge name      bridge id              STP enabled      interfaces
virbr0           8000.525400379a12      yes              tap0
                                                         virbr0-nic
```

查询 tap 接口：

```
[root@server ~]# ip addr list
1: lo: <LOOPBACK,UP,LOWER_UP> mtu 65536 qdisc noqueue state UNKNOWN group default qlen 1000
    link/loopback 00:00:00:00:00:00 brd 00:00:00:00:00:00
    inet 127.0.0.1/8 scope host lo
       valid_lft forever preferred_lft forever
    inet6 ::1/128 scope host
       valid_lft forever preferred_lft forever
2: ens33: <BROADCAST,MULTICAST,UP,LOWER_UP> mtu 1500 qdisc fq_codel state UP group default qlen 1000
    link/ether 00:0c:29:a9:f5:0b brd ff:ff:ff:ff:ff:ff
    inet 192.168.111.10/24 brd 192.168.111.255 scope global noprefixroute ens33
       valid_lft forever preferred_lft forever
```

```
        inet6 fe80::35bb:6af2:aa3b:7954/64 scope link noprefixroute
           valid_lft forever preferred_lft forever
    3: virbr0: <BROADCAST,MULTICAST,UP,LOWER_UP> mtu 1500 qdisc noqueue state
UP group default qlen 1000
        link/ether 52:54:00:37:9a:12 brd ff:ff:ff:ff:ff:ff
        inet 192.168.122.1/24 brd 192.168.122.255 scope global virbr0
           valid_lft forever preferred_lft forever
    4: virbr0-nic: <BROADCAST,MULTICAST> mtu 1500 qdisc fq_codel master virbr0
state DOWN group default qlen 1000
        link/ether 52:54:00:37:9a:12 brd ff:ff:ff:ff:ff:ff
    8: tap0: <BROADCAST,MULTICAST,UP,LOWER_UP> mtu 1500 qdisc fq_codel master
virbr0 state UNKNOWN group default qlen 1000
        link/ether 76:48:b6:12:4d:67 brd ff:ff:ff:ff:ff:ff
        inet6 fe80::7448:b6ff:fe12:4d67/64 scope link
           valid_lft forever preferred_lft forever
```

⑮ 检查网络的连通性：

```
$ sudo ping -I eth0 192.168.111.2 -c 4
PING 192.168.111.2 (192.168.111.2): 56 data bytes
64 bytes from 192.168.111.2: seq=0 ttl=127 time=0.467 ms
64 bytes from 192.168.111.2: seq=1 ttl=127 time=0.600 ms
64 bytes from 192.168.111.2: seq=2 ttl=127 time=0.552 ms
64 bytes from 192.168.111.2: seq=3 ttl=127 time=0.502 ms

--- 192.168.111.2 ping statistics ---
4 packets transmitted, 4 packets received, 0% packet loss
round-trip min/avg/max = 0.467/0.530/0.600 ms
```

⑯ 查询主机防火墙 NAT 规则信息。

查询宿主机 iptables nat 表信息：

```
[root@server ~]# iptables -t nat -L
Chain PREROUTING (policy ACCEPT)
target     prot opt source               destination
PREROUTING_direct  all  --  anywhere     anywhere
PREROUTING_ZONES   all  --  anywhere     anywhere

Chain INPUT (policy ACCEPT)
target     prot opt source               destination

Chain OUTPUT (policy ACCEPT)
target     prot opt source               destination
OUTPUT_direct  all  --  anywhere         anywhere

Chain POSTROUTING (policy ACCEPT)
target     prot opt source               destination
LIBVIRT_PRT  all  --  anywhere           anywhere
```

```
    POSTROUTING_direct  all  --  anywhere           anywhere
    POSTROUTING_ZONES   all  --  anywhere           anywhere
    MASQUERADE  all  --  192.168.122.0/24   !192.168.122.0/24

Chain LIBVIRT_PRT (1 references)
target     prot opt source              destination
RETURN     all  --  192.168.122.0/24    base-address.mcast.net/24
RETURN     all  --  192.168.122.0/24    255.255.255.255
MASQUERADE tcp  --  192.168.122.0/24    !192.168.122.0/24   masq ports: 1024-65535
MASQUERADE udp  --  192.168.122.0/24    !192.168.122.0/24   masq ports: 1024-65535
MASQUERADE all  --  192.168.122.0/24    !192.168.122.0/24

Chain OUTPUT_direct (1 references)
target     prot opt source              destination

Chain POSTROUTING_ZONES (1 references)
target     prot opt source              destination
POST_public all  --  anywhere           anywhere          [goto]
POST_public all  --  anywhere           anywhere          [goto]

Chain POSTROUTING_direct (1 references)
target     prot opt source              destination

Chain POST_public (2 references)
target     prot opt source              destination
POST_public_log   all  --  anywhere     anywhere
POST_public_deny  all  --  anywhere     anywhere
POST_public_allow all  --  anywhere     anywhere

Chain POST_public_allow (1 references)
target     prot opt source              destination

Chain POST_public_deny (1 references)
target     prot opt source              destination

Chain POST_public_log (1 references)
target     prot opt source              destination

Chain PREROUTING_ZONES (1 references)
target     prot opt source              destination
PRE_public all  --  anywhere            anywhere          [goto]
PRE_public all  --  anywhere            anywhere          [goto]

Chain PREROUTING_direct (1 references)
```

```
target     prot opt source              destination

Chain PRE_public (2 references)
target     prot opt source              destination
PRE_public_log    all  --  anywhere              anywhere
PRE_public_deny   all  --  anywhere              anywhere
PRE_public_allow  all  --  anywhere              anywhere

Chain PRE_public_allow (1 references)
target     prot opt source              destination

Chain PRE_public_deny (1 references)
target     prot opt source              destination

Chain PRE_public_log (1 references)
target     prot opt source              destination
```

⑰ 安装命令行工具。

安装 brctl 和 tunctl 命令行工具，要采用 Bridge 模式的网络配置，首先需要安装两个 RPM 包，即 bridge-utils 和 tuned，它们提供了所需的 brctl 和 tunctl 命令行工具。可以用 yum 命令安装这两个 RPM 包：

```
[root@server ~]# yum install bridge-utils -y
上次元数据过期检查: 1:29:14 前，执行于 2023 年 02 月 20 日 星期一 10 时 56 分 56 秒。
软件包 bridge-utils-1.7-1.ky10.x86_64 已安装。
依赖关系解决。
无须任何处理。
完毕！
```

查看 tun 模块是否加载：

```
[root@server ~]# lsmod | grep tun
tun                    53248  3
```

⑱ 创建 Bridge。

创建一个 Bridge，并将其绑定到一个可以正常工作的网络接口上，同时让 Bridge 成为连接本机与外部网络的接口。首先确认网卡是否可以正常工作，确保开发者能够通过 Bridge 网桥的网卡为 KVM 虚拟机模块提供网络连接能力，并且该网卡能够正常工作，为 KVM 虚拟机提供与外部网络相同的网络支持，并能够被外部网络访问。在这个例子中，使用了 ens33 网卡，主要的配置命令如下：

```
[root@server ~]# brctl addbr br0
[root@server ~]# brctl addif br0 ens33
```

命令执行后远程终端就会断开，此时需要使用 VMware Workstation 继续完成以下操作，创建对应的网桥 IP 地址，删除 ens33 网卡的 IP 地址，代码如下：

```
[root@server ~]# cat << EOF > /etc/sysconfig/network-scripts/ifcfg-ens33
DEVICE=ens33
```

```
BOOTPROTO=static
TYPE=Ethernet
ONBOOT=yes
NM_CONTROLLED=no
DRIDGE=br0
EOF
```

配置 br0 网桥配置文件,将 IP 地址设置为 ens33 网卡的 IP 地址,代码如下:

```
[root@server ~]# cat << EOF > /etc/sysconfig/network-scripts/ifcfg-br0
DEVICE=br0
TYPE=bridge
ONBOOT=yes
NM_CONTROLLED=no
BOOTPROTO=static
IPADDR=192.168.111.10
NETMASK=255.255.255.0
GATEWAY=192.168.111.2
DNS1=114.114.114.114
EOF
```

配置完成后重启,使网卡配置生效:

```
[root@server ~]# reboot
```

重启后查看网络和网桥的配置信息:

```
[root@server ~]# brctl addif br0 ens33
[root@server ~]# ip addr list
1: lo: <LOOPBACK,UP,LOWER_UP> mtu 65536 qdisc noqueue state UNKNOWN group default qlen 1000
    link/loopback 00:00:00:00:00:00 brd 00:00:00:00:00:00
    inet 127.0.0.1/8 scope host lo
       valid_lft forever preferred_lft forever
    inet6 ::1/128 scope host
       valid_lft forever preferred_lft forever
2: ens33: <BROADCAST,MULTICAST,UP,LOWER_UP> mtu 1500 qdisc fq_codel master br0 state UP group default qlen 1000
    link/ether 00:0c:29:a9:f5:0b brd ff:ff:ff:ff:ff:ff
3: br0: <BROADCAST,MULTICAST,UP,LOWER_UP> mtu 1500 qdisc noqueue state UP group default qlen 1000
    link/ether 00:0c:29:a9:f5:0b brd ff:ff:ff:ff:ff:ff
    inet 192.168.111.10/24 brd 192.168.111.255 scope global noprefixroute br0
       valid_lft forever preferred_lft forever
4: virbr0: <NO-CARRIER,BROADCAST,MULTICAST,UP> mtu 1500 qdisc noqueue state DOWN group default qlen 1000
    link/ether 52:54:00:37:9a:12 brd ff:ff:ff:ff:ff:ff
    inet 192.168.122.1/24 brd 192.168.122.255 scope global virbr0
       valid_lft forever preferred_lft forever
```

```
    5: virbr0-nic: <BROADCAST,MULTICAST> mtu 1500 qdisc fq_codel master virbr0
state DOWN group default qlen 1000
        link/ether 52:54:00:37:9a:12 brd ff:ff:ff:ff:ff:ff
    13: tap0: <BROADCAST,MULTICAST,UP,LOWER_UP> mtu 1500 qdisc fq_codel
master br0 state UNKNOWN group default qlen 1000
        link/ether 32:2c:24:7c:bb:23 brd ff:ff:ff:ff:ff:ff
        inet6 fe80::302c:24ff:fe7c:bb23/64 scope link
           valid_lft forever preferred_lft forever
[root@server network-scripts]# route -n
Kernel IP routing table
Destination     Gateway         Genmask         Flags Metric Ref    Use Iface
0.0.0.0         192.168.111.2   0.0.0.0         UG    425    0        0 br0
192.168.111.0   0.0.0.0         255.255.255.0   U     425    0        0 br0
192.168.122.0   0.0.0.0         255.255.255.0   U     426    0        0 virbr0
```

⑲ 启动 Bridge 模式的虚拟机。

上传 qemu-ifup 脚本：

```
[root@server ~]# ls
anaconda-ks.cfg  cirros-0.3.4-x86_64-disk.img  initial-setup-ks.cfg
qemu-ifup  qemu-ifup-NAT
```

赋予脚本可执行权限：

```
[root@server ~]# chmod +x /root/qemu-ifup
```

用 qemu-kvm 命令启动 Bridge 模式的虚拟机：

```
[root@server ~]# qemu-kvm -m 512 -drive file=cirros-0.3.4-x86_64-disk.img,if=virtio -net nic,model=virtio -net tap,script=/root/qemu-ifup -nographic -vnc :2
```

⑳ 查看 br0 网桥。

```
[root@server ~]# brctl show br0
bridge name     bridge id               STP enabled     interfaces
br0             8000.000c29a9f50b       no              ens33
                                                        tap0
```

这样就设置了一个桥接的网络，查看网桥的接口信息，可以看到虚拟机的第 1 张网卡已经绑定到 br0 网桥上。该配置表示连接宿主机的 tap 网络接口到 n 号 VLAN 中，并且使用 qemu-ifup 在启动客户机时配置网络，在关闭客户机时取消网络配置。tap 参数表明使用 TAP 设备。TAP 是虚拟网络设备，仿真了一个数据链路层设备，它像以太网的数据帧一样处理第 2 层数据报。而 TUN 与 TAP 类似，也是一种虚拟网络设备，它是对网络层设备的仿真。TAP 用于创建一个网桥，而 TUN 与路由相关。

进入虚拟机后可以看到，成功获取到 111 网段的 IP 地址，如图 4-20 所示。

图 4-20 虚拟机 IP 地址信息

单元小结

本单元重点介绍了 RAID（磁盘冗余阵列）技术、ISCSI 存储服务与 KVM 虚拟机技术。RAID 是一种提高服务器磁盘读/写性能和数据冗余性的技术，本单元通过软件工具模拟了磁盘冗余阵列的构建与使用，帮助读者了解该技术的基本原理和操作方法。通过对本单元的学习，读者可以掌握麒麟服务器操作系统中常用的存储服务和虚拟化技术，并解决日常工作中的实际问题。在实际操作中，读者可以加深对存储服务和虚拟化技术的理解，提高工作效率和解决问题的能力。总之，本单元的学习内容对于了解存储服务和虚拟化技术有着重要的意义。对于工作中需要使用这些技术的读者来说，学习本单元的内容是必不可少的。

课后练习

1. RAID 使用广泛吗？请简述。
2. 除了书中介绍的几种 RAID 级别，还有哪些常用的 RAID 级别？
3. KVM 是什么？

实训练习

1. 使用 1 台虚拟机，自行添加 3 个大小为 20GB 的硬盘，将这 3 个硬盘创建成物理卷，组成卷组，并在卷组中申请 1 个大小为 30GB 的逻辑卷。
2. 使用 1 台虚拟机，自行添加 2 个大小为 20GB 的硬盘，将这 2 个硬盘通过 mdadm 工具创建成 1 个 RAID 1 级别的磁盘冗余阵列，并格式化后挂载使用。
3. 在麒麟服务器操作系统虚拟机上安装 KVM。

单元 5

麒麟服务器操作系统 Web 服务

单元描述

本单元介绍 Linux 操作系统中常用的 Web 服务,其中包括 LAMP 和 LNMP 两种架构。LAMP 架构是指 Linux、Apache、MySQL/MariaDB、PHP/Perl/Python 的组合,用于运行动态网站或者服务器。LNMP 架构则是指 Linux、Nginx、MySQL/MariaDB、PHP/Perl/Python 的组合,Nginx 用于提供 Web 服务。本单元详细描述了两种架构的区别、各自的优点,以及部署 Web 服务的操作步骤。通过对本单元的学习,读者可以深入了解 Linux 操作系统中常用的 Web 服务,并掌握它们的部署和使用方法。对于那些需要在 Linux 操作系统中搭建 Web 服务的用户,本单元将提供有价值的参考和帮助。

1. 知识目标

①了解 Tomcat 服务的组成、架构与优缺点;
②了解 LAMP 架构的组成、架构与优缺点;
③了解 LNMP 架构的组成、架构与优缺点。

2. 能力目标

①能使用 Tomcat 服务部署微网站;
②能进行 LAMP 环境的安装与配置;
③能进行 LNMP 环境的安装与配置;
④能使用 LNMP 部署 WordPress 博客系统。

3. 素养目标

①培养以科学思维审视专业问题的能力;
②培养实际动手操作与团队合作的能力。

任务分解

本单元旨在让读者掌握 Tomcat 服务,以及 LANP 和 LNMP 这两个 Web 服务架构的安装与使用方法,为了方便读者学习,本单元设置了 3 个任务,任务分解如表 5-1 所示。

表 5-1 任务分解

任 务 名 称	任 务 目 标	学 时 安 排
任务 1 基于 Tomcat 服务部署微网站	能安装 Tomcat 环境并部署微网站	2
任务 2 使用 Apache 部署 Web 网站	能安装 Apache 并部署 Web 网站	3
任务 3 使用 LNMP 部署 WordPress 博客系统	能安装 LNMP 环境并部署 WordPress 博客系统	3
总计		8

知识准备

1．Tomcat 服务

Tomcat 是一种开源的 Web 应用服务器，可以运行 Java Servlet 和 Java Server Pages（JSP）等 Web 应用程序。Tomcat 提供了一个 Web 服务器环境，可以处理 HTTP 请求、响应和生成动态的 Web 页面。

Tomcat 的主要功能如下。

①Servlet 容器：Tomcat 实现了 Java Servlet 规范，可以处理客户端的 HTTP 请求和响应，将请求转发给 Web 应用程序，并将处理结果返回客户端。

②JSP 容器：Tomcat 支持 Java Server Pages（JSP）技术，可以将 JSP 文件编译成 Servlet，再由 Servlet 容器进行处理和执行。

③Web 服务器：Tomcat 可以作为一台 Web 服务器，支持静态网页、动态网页和 Web 应用程序。

④安全性：Tomcat 提供了一些安全机制，如 SSL/TLS 协议、用户认证、授权等，可以保障 Web 应用程序的安全。

⑤管理工具：Tomcat 提供了一些管理工具，如 Tomcat Manager、Host Manager 等，可以方便地进行 Web 应用程序的管理和部署。

Tomcat 的架构主要分为 3 层：Web 层、Servlet/JSP 容器层和底层支持层。其中，Web 层主要负责处理 HTTP 请求和响应，Servlet/JSP 容器层负责处理 Servlet 和 JSP 程序，底层支持层包括 Java 虚拟机（JVM）和 Tomcat 自身的组件。

综上所述，Tomcat 是一种开源的 Web 应用服务器，提供了一系列的功能和服务，可以处理 HTTP 请求和响应，支持 Servlet 和 JSP 技术，并提供了安全机制和管理工具等，是 Java Web 开发中非常重要的组件之一。

2．LAMP 架构

（1）LAMP 简介

L、A、M、P 分别代表的含义如下。

- L 代表服务器操作系统使用 Linux 操作系统。
- A 代表网站服务使用的是 Apache 软件基金会中的 httpd 的软件。
- M 代表网站后台使用的数据库是 MySQL 或者 MariaDB。

- P 代表网站使用 PHP/Perl/Python 开发。

LAMP 是一个多 C/S 架构的平台，最初为 Web 客户端基于 TCP/IP 协议通过 HTTP 协议发起请求，这个请求可能是静态的，也可能是动态的，Web 服务器通过发起请求的后缀来判断，如果是静态的，就由 Web 服务器自行处理，然后将资源发给客户端；如果是动态的，Web 服务器会通过 CGI（Common Gateway Interface，通用网关接口）协议发送给 PHP。这里的 PHP 以模块形式与 Web 服务器联系，它们是通过内部共享内存的方式进行通信的，如果是 PHP 单独放置于一台服务器中，那么它们是以 Sockets（套接字）的方式进行通信的（这又是一个 C/S 架构），这时 PHP 会相应执行一段程序。如果在程序执行时需要一些数据，PHP 就会通过 MySQL 协议发送给 MySQL 服务器（这也可以看作一个 C/S 架构），由 MySQL 服务器处理，将数据提供给 PHP 程序。

（2）LAMP 的工作流程

LAMP 的工作流程如下。

- 用户发送 HTTP 请求到达 httpd 服务器。
- httpd 服务器解析 URL 获取需要的资源的路径，通过内核空间读取硬盘资源，如果是静态资源，则构建响应报文，返回用户。
- 如果是动态资源，则将资源地址发给 PHP 解析器，解析 PHP 程序文件，解析完成后将内容返回 httpd 服务器，httpd 服务器构建响应报文，返回用户。
- 如果涉及数据库操作，则利用 php-mysql 驱动，获取数据库数据，返回 PHP 解析器。

（3）LAMP 的工作方式

① Apache 与 PHP 通信。

- 第 1 种：在编译 PHP 时直接将其编译成 Apache 的模块，以 Module（模块化）的方式进行工作（Apache 的默认方式）；
- 第 2 种：Apache 基于 CGI 与 PHP 进行通信；
- 第 3 种：工作在 FastCGI（这也是一种协议）模块下，它们是这样结合的：本来 PHP 是作为一个模块或 PHP 解析器运行的，不是监听在某个套接字上接收别人请求的，而是让别人调用为一个进程使用的，或者作为别人的子进程在运行。但是工作在 FastCGI 模块下的 PHP 自行启用为一个服务进程，它监听在某个套接字上，随时可以接收来自客户端的请求。它有一个主进程，为了可以响应多个用户的请求，它会启用多个子进程，这些子进程也可以称为工作进程，当然这些工作进程也是有空闲进程的，一旦有客户请求，它就马上使用空闲进程响应客户端的请求，将结果返回前端的调用者，在 PHP 5.3.3 版本之前，它是没有这个能力的，只能工作在模块和 CGI 的方式下，而在 PHP 5.3.3 版本之后这个模块直接被收进 PHP 模块中，这种模块就叫 PHP-FPM。

所以在以后编译 PHP 时，要想跟 Apache 结合，就要编译成 PHP-FPM，这是基于 FastCGI 工作的模式，也就意味着它是通过套接字与前端的调用者进行通信的，既然基于套接字通信了，那么前端的 Web 服务器和后面的 PHP 服务器完全可以工作在不同的主机上，就实现了所谓的分层机制。

Apache 不会与数据库打交道，它是静态 Web 服务器，与数据库打交道的是应用程序，应用程序的源驱动能够基于某个 API 与服务器之间建立会话，之后它将 SQL 语句发送给数据库，数据库再将结果返回应用程序（不是 PHP 进程，而是 PHP 进程中所执行的代码）。

② PHP 与 MariaDB 通信。

PHP 与 MariaDB 怎么整合起来呢？PHP 又怎么被 httpd 服务器调用呢？

首先 httpd 服务器并不具备解析代码的能力，它要依赖于 PHP 解析器。PHP 本身不依赖于数据库，它只是一个解析器，能执行代码就行了，那它什么时候用到 MariaDB 呢？

- 需要在 MariaDB 中存放数据时才用到 MariaDB；
- 当 PHP 中有运行数据库语句时才用到 MariaDB。

PHP 要想联系数据库，通常需要用到 PHP 的驱动，RPM 包的名字为 php_mysql，PHP 跟 MariaDB 没有一点关系，只有程序员在 PHP 中编写数据库语句时才连接数据库来执行 SQL 语句。

基于 php-mysql 驱动去连接数据库只使用一个函数 mysql_connect()；而 mysql_connect() 正是 php-mysql 提供的一个 API，只要指明要连接的服务器即可。

3．LNMP 架构

（1）LNMP 简介

L、N、M、P 分别代表的含义如下。

- L 代表服务器操作系统使用 Linux 操作系统。
- N 代表 Nginx，是一种高性能的 HTTP 和反向代理服务器，也是一种 IMAP/POP3/SMTP 代理服务器。
- M 代表网站后台使用的数据库是 MySQL 或 MariaDB。
- P 代表网站使用 PHP/Perl/Python 开发。

LNMP 是一组通常一起使用来运行动态网站或服务器的自由软件名称首字母缩写。Nginx 是一种开源 Web 网页服务器；MySQL/MariaDB 是开源数据库 MySQL 或 MariaDB；PHP/Perl/Python 是动态网页开发的脚本语言，当前使用较多的是 PHP。LNMP 与 LAMP 的不同之处是，它提供 Web 服务的是 Nginx，并且 PHP 是作为一个独立服务存在的，这个服务叫作 PHP-FPM，Nginx 直接处理静态请求，动态请求会转发给 PHP-FPM 处理。

（2）LNMP 的工作流程

LNMP 的工作流程如下。

- 客户端的所有页面请求先到达 LNMP 架构中的 Nginx。
- Nginx 自行判断哪些是静态页面，哪些是动态页面。
- 如果是静态页面，则直接由 Nginx 自己处理，并将结果返回客户端；如果是*.php 动态页面，则 Nginx 需要调用 PHP 中间件服务器来处理，在处理 PHP 页面的过程中，可能需要调用数据库中的数据完成页面编译。
- 将编译完成后的页面返回 Nginx，Nginx 再返回客户端。

（3）LNMP 的工作模式

LNMP 动态网站服务器架构如图 5-1 所示。

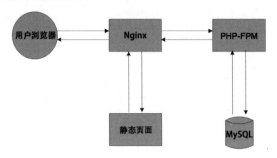

图 5-1　LNMP 动态网站服务器架构

其中，提供 Web 服务的是 Nginx，PHP 是以 FastCGI 的方式结合 Nginx 的，可以理解为 Nginx 代理了 PHP 的 FastCGI。PHP 是作为一个独立服务存在的，这个服务叫作 PHP-FPM，Nginx 直接处理静态请求，动态请求会转发给 PHP-FPM。CGI、FastCGI、PHP-CGI 与 PHP-FPM 概念如下。

① CGI。

CGI 是用于 HTTP 服务器与其他机器上的服务程序进行通信交流的一种工具，CGI 程序必须运行在网络服务器上。

CGI 可以用任何一种语言编写，只要这种语言具有标准输入/输出和环境变量。如 PHP、Perl、TCL 等。

② FastCGI。

传统 CGI 接口方式的安全性和性能较差。每次 HTTP 服务器遇到动态程序时，都需要重启解析器来执行解析，然后将结果返回 HTTP 服务器，很难适应高并发服务器的应用，因此就诞生了 FastCGI。

FastCGI 是一个可伸缩的、高速的在 HTTP 服务器和动态脚本语言之间提供通信的接口，能够把动态语言和 HTTP 服务器分离开。目前流行的 Web 服务器（如 Apache、Nginx 和 LightTPD）都支持 FastCGI。

FastCGI 是与语言无关的、可伸缩架构的 CGI 开放扩展。其主要优势是将 CGI 解释器保持在内存中并因此获得较高的性能。CGI 解释器的反复加载是 CGI 性能低下的主要原因，如果 CGI 解释器保持在内存中，并接受 FastCGI 进程管理器的调度，则 CGI 可以提供良好的伸缩性、Fail-Over 特性等。

FastCGI 的工作原理如下。

Web Server 启动时载入 FastCGI 进程管理器（IIS ISAPI 或 Apache Module）；FastCGI 进程管理器自身初始化，启动多个 CGI 解释器进程（可见多个 PHP-CGI）并等待来自 Web Server 的连接；当客户端请求到达 Web Server 时，FastCGI 进程管理器选择并连接到一个 CGI 解释器。Web Server 将 CGI 环境变量和标准输入发送到 FastCGI 子进程 PHP-CGI 中；FastCGI 子进程完成处理后,将标准输出和错误信息从同一连接返回 Web Server。当 FastCGI

子进程关闭连接时，请求便处理完成。FastCGI 子进程接着等待并处理来自 FastCGI 进程管理器（运行在 Web Server 中）的下一个连接。在 CGI 模式中，PHP-CGI 在此便退出了。

FastCGI 存在一定的不足。因为它是多进程的，所以比 CGI 多线程消耗更多的服务器内存，PHP-CGI 解释器每进程消耗 7～25MB 内存，将这个数字乘以 50 或 100 就是很大的内存数。

③ PHP-CGI。

PHP-CGI 是 PHP 自带的 FastCGI 管理器。PHP-CGI 变更 php.ini 配置后需重启 PHP-CGI 才能让新的 php.ini 生效，不可以平滑重启。

④ PHP-FPM。

PHP-FPM 是一个 PHP FastCGI 管理器，只应用于 PHP 中。PHP-FPM 其实是 PHP 源代码的一个补丁，旨在将 FastCGI 进程管理整合进 PHP 包中。用户必须将 patch 作为补丁添加到自己的 PHP 源代码中，在编译安装 PHP 后才可以使用（PHP 5.3.3 版本已经集成 PHP-FPM，不再是第三方的包了）。PHP-FPM 提供了更好的 PHP 进程管理方式，可以有效控制内存和进程，平滑重载 PHP 配置，它比 spawn-fcgi 具有更多优点，所以被 PHP 官方收录。在执行 ./configure 命令时后面加上 -enable-fpm 参数即可开启 PHP-FPM。

（4）LAMP 与 LNMP 总结

① LNMP 占用 VPS 资源较少，Nginx 配置起来比较简单，可以利用 fast-cgi 的方式动态解析 PHP 脚本。但是其缺点也比较明显，PHP-FPM 组件的负载能力有限，在访问量巨大的时候，PHP-FPM 进程容易僵死，导致 502 bad gateway 错误。

② 基于 LAMP 架构设计的网站具有成本低廉、部署灵活、快速开发、安全稳定等特点，该架构是 Web 网络应用和环境的优秀组合。若是服务器配置比较低的个人网站，则首选 LNMP 架构。但是在大流量的时候，把 Apache 和 Nginx 结合起来使用，也不失为一个不错的选择。

③ 在 LNMP 架构中 PHP 会启动 PHP-FPM 服务，而在 LAMP 架构中 PHP 只是作为 Apache 的一个模块存在。Nginx 会把用户的动态请求交给 PHP 服务去处理，这个 PHP 服务就会和数据库进行交互。Nginx 会直接处理用户的静态请求，Nginx 处理静态请求的速度要比 Apache 快很多，性能上要更好，所以 Apache 和 Nginx 在处理动态请求上区别不大，但是如果是处理静态请求，就会发现 Nginx 要快于 Apache。而且 Nginx 能承受的并发连接量要比 Apache 大，可以承受好几万个并发连接，所以大一些的网站都会使用 Nginx 作为 Web 服务器。

任务 1 基于 Tomcat 服务部署微网站

1. 任务描述

本任务介绍在麒麟服务器操作系统中使用二进制编译包安装 Tomcat 服务的方法，以及如何通过 Tomcat 服务发布并访问一个微网站。通过本任务的操作，读者可以快速掌握

Tomcat 服务的应用场景和使用方法，了解如何在麒麟服务器操作系统中使用 Tomcat 服务来托管和运行 Web 应用程序。同时，读者可以学习如何在麒麟服务器操作系统中安装和配置 Java 环境，以及如何使用 Tomcat 服务管理和部署 Web 应用程序。

2．任务分析

（1）节点规划

使用麒麟服务器操作系统进行节点规划，如表 5-2 所示。

表 5-2　节点规划

IP 地址	主 机 名	节　　点
192.168.111.10	tomcat	server服务

（2）基础准备

使用 VMware Workstation 最小化安装一台虚拟机，配置使用 1vCPU/2GB 内存/40GB 硬盘，镜像使用 Kylin-Server-10-SP2-Release-Build09-20210524-x86_64.iso，网络使用 NAT 模式，并将 NAT 模式的网段配置成 192.168.111.0/24。虚拟机安装完成之后，配置虚拟机的 IP 地址（用户可自行配置 IP 地址，此处配置的 IP 地址为 192.168.111.10），并使用远程连接工具进行连接。

3．任务实施

（1）设置主机名

使用远程连接工具连接至 192.168.111.10，修改主机名为 tomcat，命令如下：

```
[root@kylin ~]# hostnamectl set-hostname tomcat
```

断开后重新连接虚拟机，查看主机名，命令如下：

```
[root@tomcat ~]# hostname
tomcat
```

（2）配置 yum 源

使用远程传输工具将 Kylin-Server-10-SP2-Release-Build09-20210524-x86_64.iso 软件包上传至/root 目录下，创建文件夹并挂载，命令如下：

```
[root@tomcat ~]# mkdir /opt/kylin
[root@tomcat ~]# mount Kylin-Server-10-SP2-Release-Build09-20210524-x86_64.iso /opt/kylin
mount: /opt/kylin: WARNING: source write-protected, mounted read-only.
```

配置本地 yum 源，首先将/etc/yum.repos.d/目录下的文件删除，然后创建 local.repo 文件，命令如下：

```
[root@tomcat ~]# rm -rf /etc/yum.repos.d/*
[root@tomcat ~]# vi /etc/yum.repos.d/local.repo
```

local.repo 文件的内容如下：

```
[kylin]
```

```
name=kylin
baseurl=file:///opt/kylin
gpgcheck=0
enabled=1
```

至此，yum 源配置完成。

(3) 安装 Java 环境

将 tomcat.zip 文件上传至 Linux 服务器，并将该压缩包解压缩，命令如下：

```
[root@tomcat ~]# unzip tomcat.zip
Archive:  tomcat.zip
  inflating: apache-tomcat-7.0.88.zip
  inflating: jre-8u261-linux-x64.tar.gz
  inflating: jsp-web.zip
[root@tomcat ~]# ls -l
总用量 194560
-rw-------  1 root root     2550 2月 14 02:18 anaconda-ks.cfg
-rw-r--r--  1 root root  9659566 6月 11  2018 apache-tomcat-7.0.88.zip
-rw-r--r--  1 root root     2850 2月 14 02:25 initial-setup-ks.cfg
-rw-r--r--  1 root root 89700759 2月 20 22:11 jre-8u261-linux-x64.tar.gz
-rw-r--r--  1 root root   527356 2月 20 21:57 jsp-web.zip
-rw-r--r--  1 root root 99324050 2月 21 00:11 tomcat.zip
```

解压缩完成后，解压缩 Java 的压缩包至/usr/local 目录下，命令如下：

```
[root@tomcat ~]# tar zxf jre-8u261-linux-x64.tar.gz -C /usr/local/
[root@tomcat ~]# ls /usr/local/jre1.8.0_261/
bin        LICENSE  release
COPYRIGHT  man      THIRDPARTYLICENSEREADME-JAVAFX.txt
legal      plugin   THIRDPARTYLICENSEREADME.txt
lib        README   Welcome.html
```

配置环境变量，让系统获取到 Java 的信息。

当一个用户登录 Linux 操作系统或使用 su -命令切换到另一个用户时，也就是 Login shell 启动时，首先要确保执行的启动脚本就是/etc/profile，所以这里对 profile 进行修改：

```
[root@tomcat ~]# vim /etc/profile
# 在文件末端新增以下 3 行代码
export JAVA_HOME=/usr/local/jre1.8.0_261/
export PATH=$JAVA_HOME/bin:$PATH
export CLASSPATH=.:$JAVA_HOME/lib/dt.jar:$JAVA_HOME/lib/tools.jar
```

刷新环境变量，确认 Java 环境是否安装成功，命令如下：

```
[root@tomcat ~]# source /etc/profile
[root@tomcat ~]# java -version
java version "1.8.0_261"
Java(TM) SE Runtime Environment (build 1.8.0_261-b12)
Java HotSpot(TM) 64-Bit Server VM (build 25.261-b12, mixed mode)
```

(4)安装 Tomcat 服务

首先解压缩文件，命令如下：

```
[root@tomcat ~]# unzip apache-tomcat-7.0.88.zip -d /usr/local/
[root@tomcat ~]# ls -l /usr/local/
总用量 0
drwxr-xr-x 9 root  root  160 5月  7  2018 apache-tomcat-7.0.88
drwxr-xr-x 2 root  root   18 2月 14 02:16 bin
drwxr-xr-x 2 root  root    6 3月  6  2021 etc
drwxr-xr-x 2 root  root    6 3月  6  2021 games
drwxr-xr-x 2 root  root    6 3月  6  2021 include
drwxr-xr-x 7 10143 10143 224 6月 18  2020 jre1.8.0_261
drwxr-xr-x 2 root  root    6 3月  6  2021 lib
drwxr-xr-x 3 root  root   17 2月 14 02:15 lib64
drwxr-xr-x 2 root  root    6 3月  6  2021 libexec
drwxr-xr-x 2 root  root    6 3月  6  2021 sbin
drwxr-xr-x 5 root  root   49 2月 14 02:15 share
drwxr-xr-x 2 root  root    6 3月  6  2021 src
```

为了防止 Tomcat 服务权限不足，将可执行文件的权限全部修改为 777 权限，命令如下：

```
[root@tomcat ~]# cd /usr/local/apache-tomcat-7.0.88/
[root@tomcat apache-tomcat-7.0.88]# chmod 777 bin/*
```

权限修改结束后，开始修改 Tomcat 服务的配置文件，让 Tomcat 服务首页显示微网站的首页：

```
[root@tomcat apache-tomcat-7.0.88]# vim conf/server.xml
    <Host name="localhost"  appBase="webapps"
        unpackWARs="true" autoDeploy="true">
    #  新增下面一行代码
        <Context path="/" docBase="jsp-web " reloadable="true" />
```

最终效果如图 5-2 所示。

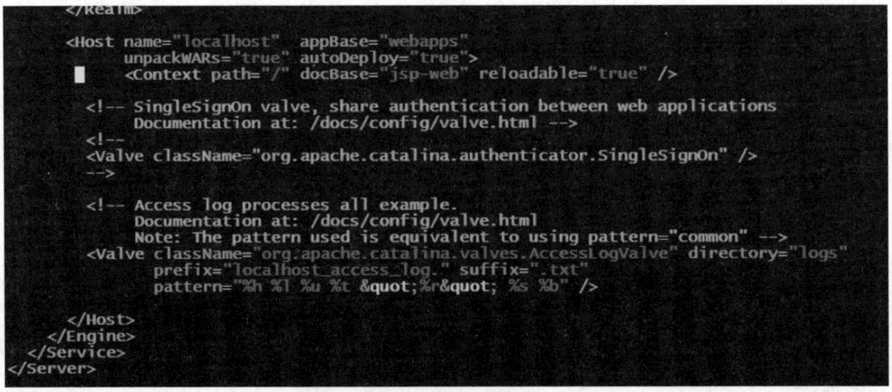

图 5-2 最终效果

配置含义如下。

<Host>元素。

- appBase：指定虚拟主机的目录，可以指定绝对目录，也可以指定相对于<CATALINA_HOME>的相对目录。如果此项没有设定，则默认值为<CATALINA_HOME>/webapps。
- unpackWARs：如果此项设为 true，则表示将 Web 应用的 WAR 文件先展开为开放目录结构后再运行。如果设为 false，则直接运行 WAR 文件。
- autoDeploy：如果此项设为 true，则表示当 Tomcat 服务器处于运行状态时，能够监测 appBase 下的文件，如果有新的 Web 应用加入进来，会自动发布这个 Web 应用。如果 Web 应用在 server.xml 中没有相应的<Context>元素，则将采用 Tomcat 默认的<Context>元素。
- name：定义虚拟主机的名字。

<Context>元素。

- path：指定访问该 Web 应用的 URL 入口。
- docBase：指定 Web 应用的文件路径。可以给定绝对路径，也可以给定相对于 Host 的 appBase 属性的相对路径。如果 Web 应用采用开放目录结构，就指定 Web 应用的根目录；如果 Web 应用是一个 WAR 文件，就指定 WAR 文件的路径。
- reloadable：如果此项设为 true，则 Tomcat 服务器在运行状态下会监视在 WEB-INF/class 和 WEB-INF/lib 目录下 CLASS 文件的改动。如果检测到有 CLASS 文件被更新，则服务器会自动重新加载 Web 应用。

（5）部署项目

修改完上述代码后，将项目解压缩到 Tomcat 项目文件夹内，命令如下：

```
[root@tomcat apache-tomcat-7.0.88]# unzip ~/jsp-web.zip -d webapps/
```

启动 Tomcat 服务：

```
[root@tomcat apache-tomcat-7.0.88]# ./bin/startup.sh
Using CATALINA_BASE:   /usr/local/apache-tomcat-7.0.88
Using CATALINA_HOME:   /usr/local/apache-tomcat-7.0.88
Using CATALINA_TMPDIR: /usr/local/apache-tomcat-7.0.88/temp
Using JRE_HOME:        /usr/local/jre1.8.0_261/
Using CLASSPATH:       /usr/local/apache-tomcat-7.0.88/bin/bootstrap.jar:/usr/local/apache-tomcat-7.0.88/bin/tomcat-juli.jar
Tomcat started.
```

（6）Tomcat 服务的使用

在使用浏览器访问 Tomcat 服务之前，需要先关闭 SELinux 服务和防火墙，命令如下：

```
[root@tomcat ~]# setenforce 0
[root@tomcat ~]# systemctl stop firewalld
```

使用浏览器访问 http://192.168.111.10:8080，如图 5-3 所示。

图 5-3　Tomcat 页面

任务 2　使用 Apache 部署 Web 网站

1．任务描述

Web 服务是互联网上常用的服务之一，它提供了信息发布、数据查询、在线应用程序和各种业务的开发平台。在本任务中，我们将介绍如何使用广泛应用的 Apache 软件搭建 Web 服务器，并配置访问控制以确保服务器的安全。这个过程包括 Apache 软件的安装和配置。通过学习这些技巧，读者将能够了解如何搭建一个高效、安全的 Web 服务器，以满足不同的业务需求。

2．任务分析

（1）节点规划

使用麒麟服务器操作系统进行节点规划，如表 5-3 所示。

表 5-3　节点规划

IP 地址	主 机 名	节　　点
192.168.111.10	apache	server 服务

（2）基础准备

使用 VMware Workstation 最小化安装一台虚拟机，配置使用 1vCPU/2GB 内存/40GB 硬盘，镜像使用 Kylin-Server-10-SP2-Release-Build09-20210524-x86_64.iso，网络使用 NAT 模式，并将 NAT 模式的网段配置成 192.168.111.0/24。虚拟机安装完成之后，配置虚拟机的 IP 地址（用户可自行配置 IP 地址，此处配置的 IP 地址为 192.168.111.10），并使用远程连接工

3. 任务实施

① 设置主机名。

使用远程连接工具连接至 192.168.111.10，修改主机名为 apache，命令如下：

```
[root@kylin ~]# hostnamectl set-hostname apache
```

断开后重新连接虚拟机，查看主机名，命令如下：

```
[root@apache ~]# hostname
apache
```

② 配置 yum 源。

使用远程传输工具将 Kylin-Server-10-SP2-Release-Build09-20210524-x86_64.iso 软件包上传至/root 目录下，创建文件夹并挂载，命令如下：

```
[root@apache ~]# mkdir /opt/kylin
[root@apache ~]# mount Kylin-Server-10-SP2-Release-Build09-20210524-x86_64.iso /opt/kylin
mount: /opt/kylin: WARNING: source write-protected, mounted read-only.
```

配置本地 yum 源，首先将/etc/yum.repos.d/目录下的文件删除，然后创建 local.repo 文件，命令如下：

```
[root@apache ~]# rm -rf /etc/yum.repos.d/*
[root@apache ~]# vi /etc/yum.repos.d/local.repo
```

local.repo 文件的内容如下：

```
[kylin]
name=kylin
baseurl=file:///opt/kylin
gpgcheck=0
enabled=1
```

至此，yum 源配置完成。

③ 安装 Apache 网页服务。

将 apache.zip 文件上传至 Linux 服务器上，并将该压缩包解压缩，命令如下：

```
[root@apache ~]# yum install -y httpd
上次元数据过期检查: 8:44:12 前，执行于 2023 年 02 月 21 日 星期二 01 时 47 分 50 秒。
依赖关系解决。
================================================================
 Package              Arch        Version              Repo    Size
================================================================
安装:
 httpd                x86_64      2.4.43-4.p03.ky10    a       1.2 M
安装依赖关系:
 apr                  x86_64      1.7.0-2.ky10         a       108 k
 apr-util             x86_64      1.6.1-12.ky10        a       109 k
```

```
 httpd-filesystem      noarch      2.4.43-4.p03.ky10      a      10 k
 httpd-help            noarch      2.4.43-4.p03.ky10      a      2.4 M
 httpd-tools           x86_64      2.4.43-4.p03.ky10      a      69 k
 mod_http2             x86_64      1.15.13-1.ky10         a      125 k

事务概要
... ...
//忽略输出
... ...
已安装：
  apr-1.7.0-2.ky10.x86_64
  apr-util-1.6.1-12.ky10.x86_64
  httpd-2.4.43-4.p03.ky10.x86_64
  httpd-filesystem-2.4.43-4.p03.ky10.noarch
  httpd-help-2.4.43-4.p03.ky10.noarch
  httpd-tools-2.4.43-4.p03.ky10.x86_64
  mod_http2-1.15.13-1.ky10.x86_64

完毕！
```

安装完成后，设置首页文件内容，命令如下：

```
[root@apache ~]# echo "kylinos http" >> /var/www/html/index.html
```

设置首页文件内容后，启动 HTTP 服务，命令如下：

```
[root@apache ~]# systemctl enable --now httpd
Created symlink /etc/systemd/system/multi-user.target.wants/httpd.
service → /usr/lib/systemd/system/httpd.service.
```

在使用浏览器访问 Apache 服务之前，需要先关闭 SELinux 服务和防火墙，命令如下：

```
[root@apache ~]# setenforce 0
[root@apache ~]# systemctl stop firewalld
```

通过 curl 命令测试访问，命令如下：

```
[root@apache ~]# curl http://192.168.111.10/ql/
kylinos http
```

④ 使用虚拟目录创建子网站。

虚拟目录具有以下优点。

- 便于访问。
- 便于移动站点中的目录。
- 能灵活增大磁盘空间。
- 安全性好。

创建虚拟目录存放位置及虚拟目录默认首页文件，命令如下：

```
[root@apache ~]# mkdir /http-vdir
[root@apache ~]# echo 'kylinos!' > /http-vdir/index.html
```

创建、编辑虚拟目录子配置文件。在默认情况下，位于/etc/httpd/conf.d/目录下的所有以.conf 结尾的文件都会被加载作为 Apache 的配置信息，为此，在/etc/httpd/conf.d/目录下新建一个子配置文件（如 vdir.conf）来配置虚拟目录，命令如下：

```
[root@apache ~]# vim /etc/httpd/conf.d/vdir.conf
```

vdir.conf 文件的内容如下：

```
Alias /ql "/http-vdir"
<Directory "/dyzx/xxgc">
Options Indexes FollowSymLinks
AllowOverride None
Require all granted
</Directory>
```

- Alias：定义虚拟目录的别名为"/ql"，物理路径为"/http-vdir"。
- Options Indexes FollowSymLinks：当所设目录下没有 index.html 文件时就显示目录结构。
- AllowOverride None：禁止.htaccess 文件覆盖配置。
- Require all granted：授权允许所有访问。

重新启动 httpd 服务，命令如下：

```
[root@apache ~]# systemctl restart httpd
```

通过 curl 命令测试访问，命令如下：

```
[root@apache ~]# curl http://192.168.111.10/ql/
kylinos!
```

⑤ 实战案例——使用虚拟主机在一台主机上建立多个网站。

虚拟主机是一种在单台服务器上运行多个 Web 站点的方式，它允许多个网站共享同一台服务器的资源，但彼此之间相互隔离，互不干扰。这可以提高服务器资源的利用率，并降低运维成本。

接下来介绍 3 种常用的多网站配置方案。

- 基于名称的虚拟主机（Name-based Virtual Hosts）：这是最常用的虚拟主机配置方式，也是 HTTP/1.1 标准中定义的虚拟主机的标准方式。在这种方式下，服务器只需要一个 IP 地址，并且所有虚拟主机共享同一个 IP 地址。不同的虚拟主机通过客户端请求中的域名进行区分。当客户端发送请求时，服务器会根据请求中的域名信息将请求路由到相应的虚拟主机配置上，从而呈现正确的网站内容。
- 基于 IP 地址的虚拟主机（IP-based Virtual Hosts）：在这种方式下，服务器需要绑定多个 IP 地址，并且每个虚拟主机配置需要绑定一个独立的 IP 地址。当客户端访问服务器上不同的 IP 地址时，就可以访问到不同的虚拟主机，从而呈现不同的网站内容。这种方式需要服务器拥有足够多可用的 IP 地址，并且需要配置 Apache 等服务器软件来绑定不同的 IP 地址和对应的虚拟主机。
- 基于端口的虚拟主机（Port-based Virtual Hosts）：这种方式类似于基于名称的虚拟主机，但虚拟主机之间是通过不同的端口而不是通过域名进行区分的。在这种方式下，服务器只需要一个 IP 地址，所有虚拟主机共享同一个 IP 地址，但是每个虚拟主机配置需要监听不同的端口。当客户端发送请求时，除了域名，还可以指定请求的端口，从而让服务器将请求路由到相应端口上的虚拟主机配置，呈现正确的网站内容。在进行基于端口的虚拟主机的配置时，需要利用 Listen 语句设置所监听的端口。

首先配置基于名称的虚拟主机，如表 5-4 所示。

表 5-4 配置基于名称的虚拟主机

名 称	IP 地址	端 口	域 名	站点主目录
Web_1	192.168.111.10	80	www1.kylin.com	/var/www/web1/
Web_2	192.168.111.10	80	www2.kylin.com	/var/www/web2/

创建 Web_1 站点和 Web_2 站点的主目录和默认首页文件，命令如下：

```
[root@apache ~]# mkdir -p /var/www/web1 /var/www/web2
[root@apache ~]# echo "www1 kylin" > /var/www/web1/index.html
[root@apache ~]# echo "www2 kylin" > /var/www/web2/index.html
```

编辑虚拟主机配置文件，命令如下：

```
[root@apache ~]# vim /etc/httpd/conf.d/httpd-vhost.conf
```

httpd-vhost.conf 文件的内容如下：

```
<VirtualHost 192.168.111.10>
    DocumentRoot /var/www/web1
    ServerName www1.kylin.com
</VirtualHost>
<VirtualHost 192.168.111.10>
    DocumentRoot /var/www/web2
    ServerName www2.kylin.com
</VirtualHost>
```

重启 HTTP 服务，命令如下：

```
[root@apache ~]# systemctl restart httpd
```

配置 Hosts，让本地主机能通过域名访问，命令如下：

```
[root@apache ~]# vi /etc/hosts
```

新增以下两行代码：

```
192.168.111.10 www1.kylin.com
192.168.111.10 www2.kylin.com
```

通过 curl 命令测试访问，命令如下：

```
[root@apache ~]# curl www1.kylin.com
www1 kylin
[root@apache ~]# curl www2.kylin.com
www2 kylin
```

然后配置基于端口的虚拟主机，如表 5-5 所示。

表 5-5 配置基于端口的虚拟主机

名 称	IP 地址	端 口	站点主目录
Web_3	192.168.111.10	8088	/var/www/web3/

创建 Web_3 站点的主目录和默认首页文件,命令如下:

```
[root@apache ~]# mkdir -p /var/www/web3
[root@apache ~]# echo port_web > /var/www/web3/index.html
```

编辑 httpd.conf 配置文件,添加 httpd 监听端口 8088,命令如下:

```
[root@apache ~]# vim /etc/httpd/conf/httpd.conf
Listen 80
Listen 8088
```

编辑虚拟主机配置文件/etc/httpd/conf.d/httpd-vhost.conf,命令如下:

```
[root@apache ~]# vim /etc/httpd/conf.d/httpd-vhost.conf
# 添加以下 3 行代码
<VirtualHost 192.168.111.10:8088>
 DocumentRoot /var/www/web3/
</VirtualHost>
```

重启 httpd 服务,命令如下:

```
[root@apache ~]# systemctl restart httpd
```

通过 curl 命令测试访问,命令如下:

```
[root@apache ~]# curl http://192.168.111.10:8088
port_web
```

最后配置基于 IP 地址的虚拟主机,如表 5-6 所示。

表 5-6 配置基于 IP 地址的虚拟主机

名 称	IP 地址	端 口	站点主目录
Web_4	192.168.111.15	80	/var/www/web4/

为服务器上的一张网卡绑定表 5-6 中的 IP 地址,命令如下:

```
[root@apache ~]# vim /etc/sysconfig/network-scripts/ifcfg-ens33
# 在文件最后添加如下代码
IPADDR2=192.168.111.15
PREFIX2=24
```

重启网络,命令如下:

```
[root@apache ~]# nmcli c r
[root@apache ~]# nmcli c up ens33
连接已成功激活(D-Bus 活动路径: /org/freedesktop/NetworkManager/ActiveConnection/2)
[root@apache ~]# ip a
1: lo: <LOOPBACK,UP,LOWER_UP> mtu 65536 qdisc noqueue state UNKNOWN group default qlen 1000
```

```
        link/loopback 00:00:00:00:00:00 brd 00:00:00:00:00:00
        inet 127.0.0.1/8 scope host lo
          valid_lft forever preferred_lft forever
        inet6 ::1/128 scope host
          valid_lft forever preferred_lft forever
    2: ens33: <BROADCAST,MULTICAST,UP,LOWER_UP> mtu 1500 qdisc fq_codel state
UP group default qlen 1000
        link/ether 00:0c:29:a9:f5:0b brd ff:ff:ff:ff:ff:ff
        inet 192.168.111.10/24 brd 192.168.111.255 scope global noprefixroute
ens33
          valid_lft forever preferred_lft forever
        inet 192.168.111.15/24 brd 192.168.111.255 scope global secondary
noprefixroute ens33
          valid_lft forever preferred_lft forever
        inet6 fe80::35bb:6af2:aa3b:7954/64 scope link noprefixroute
          valid_lft forever preferred_lft forever
```

创建 Web_4 站点的主目录和默认首页文件，命令如下：

```
[root@apache ~]# mkdir -p /var/www/web4
[root@apache ~]# echo 192.168.111.15web > /var/www/web4/index.html
```

编辑虚拟主机配置文件/etc/httpd/conf.d/httpd-vhost.conf，设置基于 IP 地址的虚拟主机，命令如下：

```
[root@apache ~]# vim /etc/httpd/conf.d/httpd-vhost.conf
# 在文件最后添加如下代码
<VirtualHost 192.168.111.15>
  ServerName 192.168.111.15
  DocumentRoot /var/www/web4/
</VirtualHost>
```

重启 httpd 服务，命令如下：

```
[root@apache ~]# systemctl restart httpd
```

通过 curl 命令测试访问，命令如下：

```
[root@apache ~]# curl http://192.168.111.15
192.168.111.15web
```

任务 3 使用 LNMP 部署 WordPress 博客系统

1. 任务描述

本任务介绍 Linux 操作系统中常用的 Web 架构——LNMP 的安装、部署与配置，并且通过实际案例演示如何使用 LNMP 环境部署动态网页。重点介绍 LNMP 环境中 Nginx 服务、MySQL 服务、PHP 服务的安装与配置，并提供详细的步骤和操作示例。本任务通过案例演示如何使用 LNMP 环境部署 WordPress 博客系统，让读者更深入地了解 LNMP 环境的应用和操作方法。LNMP 是一种广泛应用的 Web 架构，掌握 LNMP 环境的安装和配置对于 Web 开发人员和系统管理员都具有重要的意义。通过对本任务的学习，读者可以快速掌握 LNMP 环境的部署和使用，提高自己的实际应用能力。

2．任务分析

（1）节点规划

使用麒麟服务器操作系统进行节点规划，如表 5-7 所示。

表 5-7　节点规划

IP 地址	主 机 名	节　　点
192.168.111.10	lnmp	LNMP

（2）基础准备

使用 VMware Workstation 最小化安装一台虚拟机，配置使用 1vCPU/2GB 内存/40GB 硬盘，镜像使用 Kylin-Server-10-SP2-Release-Build09-20210524-x86_64.iso，网络使用 NAT 模式，并将 NAT 模式的网段配置成 192.168.111.0/24。虚拟机安装完成之后，配置虚拟机的 IP 地址（用户可自行配置 IP 地址，此处配置的 IP 地址为 192.168.111.10），并使用远程连接工具进行连接。

3．任务实施

（1）设置主机名

使用远程连接工具连接至 192.168.111.10，修改主机名为 lnmp，命令如下：

```
[root@kylin ~]# hostnamectl set-hostname lnmp
```

断开后重新连接虚拟机，查看主机名，命令如下：

```
[root@ftp ~]# hostname
lnmp
```

（2）配置 yum 源

配置 LNMP 环境源，首先将 lnmp-repo.tar.gz 文件上传至服务器，然后将其解压缩，命令如下：

```
[root@lnmp ~]# tar zxf lnmp-repo.tar.gz
```

创建名为 lnmp.repo 的 yum 源，并进行修改：

```
[root@lnmp ~]# vi /etc/yum.repos.d/lnmp.repo
```

lnmp.repo 文件的内容如下：

```
[lnmp]
name=lnmp
enable=1
gpgcheck=0
baseurl=file:///root/lnmp-repo
```

配置完成后，查看当前 yum 源：

```
[root@lnmp ~]# yum makecache
lnmp                              2.9 MB/s | 3.0 kB     00:00
元数据缓存已建立。
[root@lnmp ~]# yum repolist
仓库标识                         仓库名称
lnmp                             lnmp
```

(3)安装 Nginx 服务

```
[root@lnmp ~]# yum install -y nginx
上次元数据过期检查：0:01:00 前，执行于 2023 年 02 月 20 日 星期一 22 时 30 分 21 秒。
依赖关系解决。
================================================================
 Package              Arch    Version               Repo   Size
================================================================
安装：
... ...
//忽略输出
... ...
```

(4)配置 Nginx 服务

这里对 nginx.conf 文件进行配置，让其支持对 PHP 文件的解释：

```
[root@lnmp ~]# vi /etc/nginx/nginx.conf
```

在 nginx.conf 文件的第 43 行添加以下内容，内容解释如表 5-8 所示。

```
        location / {
            index index.html index.htm index.php;
        }
        location ~ \.php$ {
            root /usr/share/nginx/html;
            fastcgi_pass 127.0.0.1:9000;
            fastcgi_index index.php;
            fastcgi_param SCRIPT_FILENAME $document_root$fastcgi_script_name;
            include fastcgi_params;
        }
```

表 5-8 内容解释

指 令 名 称	指令值格式	指 令 说 明
fastcgi_index	name	设置默认 index 文件
fastcgi_pass	address	设置 FastCGI 服务器的 IP 地址或套接字，也可以是域名或 upstream 定义的服务器组
fastcgi_param	parameter value[if_not_empty]	设置发送请求到 FastCGI 时传递的请求参数。当指令值为 if_not_empty 时，表示当传递的参数值不为空时才进行传递

nginx.conf 文件的最终内容如图 5-4 所示。

```
34     # See http://nginx.org/en/docs/ngx_core_module.html#include
35     # for more information.
36     include /etc/nginx/conf.d/*.conf;
37
38     server {
39         listen       80;
40         listen       [::]:80;
41         server_name  _;
42         root         /usr/share/nginx/html;
43         location / {
44             index index.html index.htm index.php;
45         }
46         location ~ \.php$ {
47             root /usr/share/nginx/html;
48             fastcgi_pass 127.0.0.1:9000;
49             fastcgi_index index.php;
50             fastcgi_param SCRIPT_FILENAME $document_root$fastcgi_script_name;
51             include fastcgi_params;
52         }
53
54         # Load configuration files for the default server block.
55         include /etc/nginx/default.d/*.conf;
56
57         error_page 404 /404.html;
58             location = /40x.html {
59         }
60
61         error_page 500 502 503 504 /50x.html;
62             location = /50x.html {
63         }
64     }
65
```

图 5-4　nginx.conf 文件的最终内容

（5）启动 Nginx 服务

```
[root@lnmp ~]# systemctl enable --now nginx
```

（6）安装 PHP 服务

```
[root@lnmp ~]# yum install -y php*
```

（7）配置 PHP 服务

因为 Nginx 需要访问到 PHP 解释器，所以需要修改默认的文件：

```
[root@lnmp ~]# vi /etc/php-fpm.d/www.conf
# 将 listen 的值修改为 127.0.0.1:9000
listen = 127.0.0.1:9000
```

（8）启动 PHP 服务

PHP FastCGI 进程管理器用于管理 PHP 进程池中的软件，以及接收 Web 服务器的请求：

```
[root@lnmp ~]# systemctl enable --now php-fpm
Created symlink /etc/systemd/system/multi-user.target.wants/php-fpm.
service → /usr/lib/systemd/system/php-fpm.service.
```

（9）编写首页文件

```
[root@lnmp ~]# vi /usr/share/nginx/html/index.php
```

index.php 文件的内容如下：

```
<?php echo phpinfo(); ?>
```

（10）关闭防火墙与 SELinux 服务

```
[root@lnmp ~]# systemctl stop firewalld
[root@lnmp ~]# setenforce 0
```

（11）通过浏览器访问

访问地址为 192.168.111.10/index.php，访问结果如图 5-5 所示。

PHP Version 7.2.10 php

System	Linux lnmp 4.19.90-24.4.v2101.ky10.x86_64 #1 SMP Mon May 24 12:14:55 CST 2021 x86_64
Build Date	Jul 21 2022 02:31:35
Server API	FPM/FastCGI
Virtual Directory Support	disabled
Configuration File (php.ini) Path	/etc
Loaded Configuration File	/etc/php.ini
Scan this dir for additional .ini files	/etc/php.d
Additional .ini files parsed	/etc/php.d/10-opcache.ini, /etc/php.d/20-bcmath.ini, /etc/php.d/20-bz2.ini, /etc/php.d/20-calendar.ini, /etc/php.d/20-ctype.ini, /etc/php.d/20-curl.ini, /etc/php.d/20-dba.ini, /etc/php.d/20-dom.ini, /etc/php.d/20-enchant.ini, /etc/php.d/20-exif.ini, /etc/php.d/20-fileinfo.ini, /etc/php.d/20-ftp.ini, /etc/php.d/20-gd.ini, /etc/php.d/20-gettext.ini, /etc/php.d/20-gmp.ini, /etc/php.d/20-iconv.ini, /etc/php.d/20-intl.ini, /etc/php.d/20-json.ini, /etc/php.d/20-ldap.ini, /etc/php.d/20-mbstring.ini, /etc/php.d/20-mysqlnd.ini, /etc/php.d/20-odbc.ini, /etc/php.d/20-pdo.ini, /etc/php.d/20-pgsql.ini, /etc/php.d/20-phar.ini, /etc/php.d/20-posix.ini, /etc/php.d/20-recode.ini, /etc/php.d/20-shmop.ini, /etc/php.d/20-simplexml.ini, /etc/php.d/20-snmp.ini, /etc/php.d/20-soap.ini, /etc/php.d/20-sockets.ini, /etc/php.d/20-sqlite3.ini, /etc/php.d/20-sysvmsg.ini, /etc/php.d/20-sysvsem.ini, /etc/php.d/20-sysvshm.ini, /etc/php.d/20-tidy.ini, /etc/php.d/20-tokenizer.ini, /etc/php.d/20-xml.ini, /etc/php.d/20-xmlwriter.ini, /etc/php.d/20-xsl.ini, /etc/php.d/30-mysqli.ini, /etc/php.d/30-pdo_mysql.ini, /etc/php.d/30-pdo_odbc.ini, /etc/php.d/30-pdo_pgsql.ini, /etc/php.d/30-pdo_sqlite.ini, /etc/php.d/30-wddx.ini, /etc/php.d/30-xmlreader.ini, /etc/php.d/30-xmlrpc.ini, /etc/php.d/guestfs_php.ini
PHP API	20170718
PHP Extension	20170718
Zend Extension	320170718
Zend Extension Build	API320170718,NTS
PHP Extension Build	API20170718,NTS
Debug Build	no
Thread Safety	disabled
Zend Signal Handling	enabled
Zend Memory Manager	enabled
Zend Multibyte Support	provided by mbstring
IPv6 Support	enabled
DTrace Support	available, disabled
Registered PHP Streams	https, ftps, compress.zlib, php, file, glob, data, http, ftp, compress.bzip2, phar
Registered Stream Socket Transports	tcp, udp, unix, udg, ssl, sslv3, tls, tlsv1.0, tlsv1.1, tlsv1.2
Registered Stream Filters	zlib.*, string.rot13, string.toupper, string.tolower, string.strip_tags, convert.*, consumed, dechunk, bzip2.*, convert.iconv.*

This program makes use of the Zend Scripting Language Engine:
Zend Engine v3.2.0, Copyright (c) 1998-2018 Zend Technologies
with Zend OPcache v7.2.10, Copyright (c) 1999-2018, by Zend Technologies

zend engine

图 5-5　访问结果

PHP 中提供了 phpinfo()函数，该函数返回 PHP 的所有信息，包括 PHP 的编译选项及扩充配置、PHP 版本、服务器信息及环境变量、PHP 环境变量、操作系统版本信息、路径及环境变量配置、HTTP 标头及版权宣告等信息。

（12）安装 MySQL 服务

```
[root@lnmp ~]# yum install -y mysql-server
上次元数据过期检查：0:01:06 前，执行于 2023 年 02 月 15 日 星期三 19 时 51 分 15 秒。
依赖关系解决。
================================================================
```

```
  Package                    Arch      Version          Repo       Size
================================================================================
安装:
  mysql-community-server     x86_64    5.7.41-1.el7     mysql      178 M
安装依赖关系:
  mysql-community-client     x86_64    5.7.41-1.el7     mysql      28 M
  mysql-community-common     x86_64    5.7.41-1.el7     mysql      311 k
  mysql-community-libs       x86_64    5.7.41-1.el7     mysql      2.6 M
... ...
//忽略输出
... ...
已安装:
  mysql-community-client-5.7.41-1.el7.x86_64
  mysql-community-common-5.7.41-1.el7.x86_64
  mysql-community-libs-5.7.41-1.el7.x86_64
  mysql-community-server-5.7.41-1.el7.x86_64
完毕!
```

（13）获取 MySQL 服务的初始密码

安装并启动 MySQL 服务后，需要通过查看日志来获取 root 账号的密码，具体命令如下：

```
[root@lnmp ~]# systemctl start mysqld
[root@lnmp ~]# cat /var/log/mysqld.log | grep pass
2023-02-15T11:55:30.629817Z 1 [Note] A temporary password is generated for root@localhost: l<O!tPFO1j_o
```

localhost:后面就是系统随机生成的 root 账号的密码，所以密码是 l<O!tPFO1j_o。

（14）登录 MySQL 服务

命令格式：mysql -uroot -p'密码'。

例如，密码为 l<O!tPFO1j_o，命令如下：

```
[root@lnmp ~]# mysql -uroot -p'l<O!tPFO1j_o'
mysql: [Warning] Using a password on the command line interface can be insecure.
Welcome to the MySQL monitor.  Commands end with ; or \g.
Your MySQL connection id is 10
Server version: 5.7.41

Copyright (c) 2000, 2023, Oracle and/or its affiliates.

Oracle is a registered trademark of Oracle Corporation and/or its
affiliates. Other names may be trademarks of their respective
owners.

Type 'help;' or '\h' for help. Type '\c' to clear the current input statement.
```

```
mysql>
```

（15）修改系统默认生成的密码

设置密码策略等级为 LOW，命令如下：

```
mysql> set global validate_password_policy = 'LOW';
Query OK, 0 rows affected (0.00 sec)
```

将当前密码设置为 passw@r1，命令如下：

```
mysql> alter user user() identified by "passw@r1";
Query OK, 0 rows affected (0.00 sec)
```

（16）创建 wordpress 数据库

使用 WordPress 环境，需要为配置创建数据库，进入数据库，创建 wordpress 数据库，使用 root 用户登录 MySQL，并输入密码，密码为数据库设置的密码：

```
[root@lnmp ~]# mysql -uroot -ppassw@r1
mysql>create database wordpress;
mysql> grant all privileges on *.* to root@localhost identified by 'passw@r1' with grant option;
mysql> grant all privileges on *.* to root@"%" identified by 'passw@r1' with grant option;
```

（17）部署 WordPress

将 wordpress-zh_CN.zip 上传到/root/目录下，并解压缩压缩包，命令如下：

```
[root@lnmp ~]# unzip wordpress-zh_CN.zip
```

将 wordpress 文件夹下的配置文件拷贝到/usr/share/nginx/html/目录下：

```
[root@lnmp ~]# rm -rf /usr/share/nginx/html/*
[root@lnmp ~]# cp -r wordpress/* /usr/share/nginx/html/
```

设置目录权限：

```
[root@lnmp ~]# chmod 777 -R /usr/share/nginx/html/wp-content/
[root@lnmp ~]# systemctl restart nginx
```

（18）配置 WordPress

通过浏览器访问 WordPress 服务器，如图 5-6 所示。

① 配置数据库连接。

设置数据库名为"wordpress"，用户名为已经创建的 root 用户，密码为前面设置的 root 密码，信息确认无误后单击"提交"按钮，如图 5-7 所示。

② 编辑 wp-config.php 配置文件。

当出现无法自动创建 wp-config.php 配置文件时，可以通过手动创建的方式完成，在/usr/share/nginx/html/目录下创建 wp-config.php 配置文件，并将提示信息添加到配置文件中，如图 5-8 所示。

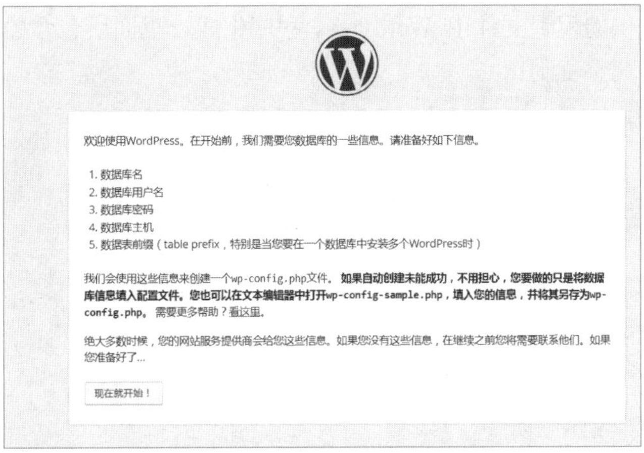

图 5-6　访问 WordPress 服务器

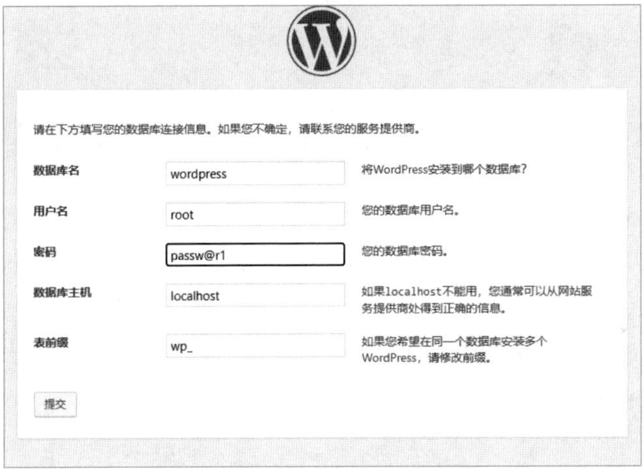

图 5-7　配置数据库连接

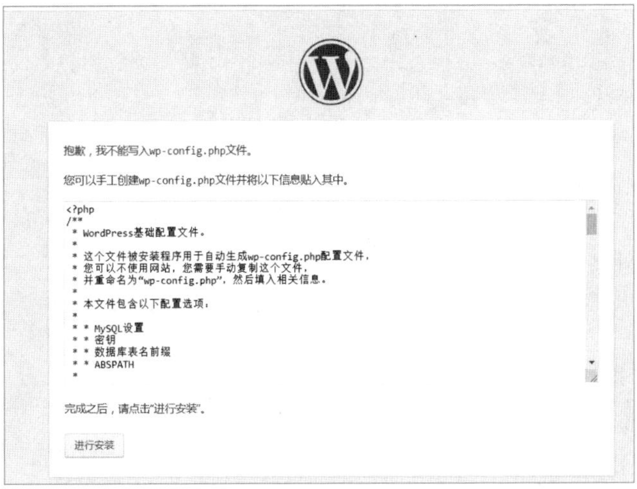

图 5-8　编辑 wp-config.php 配置文件

注意：以下提供的配置文件由 WordPress 程序生成，里面所包含的注释及说明都为官方说明，使用时需完整复制。

```
[root@lnmp ~]# vi /usr/share/nginx/html/wp-config.php
<?php
/**
 * WordPress 基础配置文件。
 *
 * 这个文件被安装程序用于自动生成 wp-config.php 配置文件，
 * 您可以不使用网站，您需要手动复制这个文件，
 * 并重命名为"wp-config.php"，然后填入相关信息。
 *
 * 本文件包含以下配置选项：
 *
 * * MySQL 设置
 * * 密钥
 * * 数据库表名前缀
 * * ABSPATH
 *
 * @link https://codex.wordpress.org/zh-cn:%E7%BC%96%E8%BE%91_wp-config.php
 *
 * @package WordPress
 */

// ** MySQL 设置 - 具体信息来自您正在使用的主机 ** //
/** WordPress 数据库的名称 */
define('DB_NAME', 'wordpress');

/** MySQL 数据库用户名 */
define('DB_USER', 'root');

/** MySQL 数据库密码 */
define('DB_PASSWORD', 'passw@r1');

/** MySQL 主机 */
define('DB_HOST', 'localhost');

/** 创建数据表时默认的文字编码 */
define('DB_CHARSET', 'utf8mb4');

/** 数据库整理类型。如不确定请勿更改 */
define('DB_COLLATE', '');

/**#@+
 * 身份认证密钥与盐。
```

```
 * 修改为任意独一无二的字串！
 * 或者直接访问{@link https://api.wordpress.org/secret-key/1.1/salt/
 * WordPress.org 密钥生成服务}
 * 任何修改都会导致所有cookies失效, 所有用户将必须重新登录。
 *
 * @since 2.6.0
 */
define('AUTH_KEY',         '5QaObc<?EpO]aHd/{S;Dmpix2v4Jn(F#B|Q{ n!5jKAIy8!|&Y_unFpk1v!ZOsHW');
define('SECURE_AUTH_KEY',  ':mseSY#8@{d ifO6O`{V:9Ms8GE,Bi2= bt_lKROoo<ld]W=uL-gog gskjZ/}Qb');
define('LOGGED_IN_KEY',    'I djA.Eou!]@stIL3``fQ~/L^0k@{#$t%$9nQIRSZ>EhF}uBok|=U0LwPg}ZxtF!');
define('NONCE_KEY',        '?n;@~IiwKk!g/2A5PSwxh/V$Y;%eQ:F~4@WqINQdZ8S,h*,H#(cv9PR9miPosH+=');
define('AUTH_SALT',        'znuDzmad^iPOg%YZ+}L0e;h5!6$Q_C[[6RXVg=7dJZn]4gX5ssStV3yh9:+~$397');
define('SECURE_AUTH_SALT', '124MqA[%5$c#FjQF#N6OoLpu/zP.6)aB#.i6w|Y4{`{DVVD-xs8)Gxrfrfu7UgsK');
define('LOGGED_IN_SALT',   '6~@WfBg%e/L@TFfGl|F9`/}OQEcv5t,l;AsfX(o+7KTdM2^W^lcG_um^<bK&]Av]');
define('NONCE_SALT',       'GSj&j*piX^GP|f~*bBwU3-Qow~5iOeZ|}xQA(lapOD]px?mcA].bTuJkqe7:eN^8');

/**#@-*/

/**
 * WordPress 数据表前缀。
 *
 * 如果您有在同一数据库内安装多个 WordPress 的需求，请为每个 WordPress 设置
 * 不同的数据表前缀。前缀名只能为数字、字母加下画线。
 */
$table_prefix  = 'wp_';

/**
 * 开发者专用：WordPress 调试模式。
 *
 * 将这个值改为 true, WordPress 将显示所有用于开发的提示。
 * 强烈建议插件开发者在开发环境中启用 WP_DEBUG。
 *
 * 要获取其他能用于调试的信息，请访问 Codex。
 *
 * @link https://codex.wordpress.org/Debugging_in_WordPress
 */
define('WP_DEBUG', false);
```

```
/**
 * zh_CN 本地化设置：启用 ICP 备案号显示
 *
 * 可在设置→常规中修改。
 * 如需禁用，请移除或注释掉本行。
 */
define('WP_ZH_CN_ICP_NUM', true);


/* 好了！请不要再继续编辑。请保存本文件。使用愉快！ */

/** WordPress 目录的绝对路径。 */
if ( !defined('ABSPATH') )
     define('ABSPATH', dirname(__FILE__) . '/');

/** 设置 WordPress 变量和包含文件。 */
require_once(ABSPATH . 'wp-settings.php');
```

③ WordPress 页面实例化。

安装 WordPress，添加站点标题，为后台管理创建管理用户并设置密码。默认密码设置的安全度是有一定规则的，如果使用弱密码，则需要勾选"确认使用弱密码"复选框，信息设置完成后单击"安装 WordPress"按钮实现安装，如图 5-9 所示。

图 5-9　WordPress 页面实例化

④ 登录后台。

数据库部署完成后，可通过设置的后台登录用户名和密码登录到后台，如图 5-10 所示。

图 5-10　登录后台

至此，基于 LNMP 环境的 WordPress 博客系统部署完成。

单元小结

本单元主要介绍了 Tomcat 服务，以及 LAMP 和 LNMP 这两种 Web 应用服务架构。通过对本单元的学习，读者可以了解它们的不同点、优缺点、搭建方式、配置方法和使用技巧等。LAMP 和 LNMP 架构是目前广泛使用的网站服务架构，选择使用哪种架构，取决于不同的应用场景。当服务器内存不是很大时，推荐使用 LNMP 架构。因为 Nginx 性能稳定、功能丰富、运维简单、处理静态文件速度快且消耗系统资源极少。但是，当网站访问量较大时，PHP-FPM 容易出现僵死现象，导致 502 bad gateway 错误。如果网站的静态内容占比较高，则 LNMP 架构是不错的选择；如果网站的动态内容占比较高，则 LAMP 架构仍然是最稳定的选择。通过对本单元的学习，读者可以更好地掌握常用 Web 服务的架构及其应用技巧，提高自己的实践能力。

课后练习

1. 除了 LAMP 和 LNMP 架构，还有什么常用的 Web 服务架构？
2. 一个 Web 服务能不能同时使用 Apache 和 Nginx 服务？
3. 如果使用 Tomcat 服务，是否还需要使用 LAMP 架构？

实训练习

1. 使用一台虚拟机，安装 LNMP 环境，基于 LNMP 环境部署 WordPress 博客系统。
2. 使用多台虚拟机，将 Apache、MariaDB 和 PHP 分别安装在不同的节点上，组成分布式 LAMP 环境，并基于此环境部署微网站。

单元 6

麒麟服务器操作系统容器云管理

单元描述

本单元主要介绍 Docker 虚拟化技术的基础知识，包括 Docker 概述、Docker 镜像、Docker 容器、Docker 仓库及 Dockerfile 服务。Docker 是一种轻量级的容器化技术，它可以将应用程序及其依赖项打包到一个容器中，并以相同的方式在不同的环境中运行，使得应用程序的部署变得更加容易。Docker 镜像是 Docker 容器的基础组件，包含应用程序及其依赖项，Docker 容器是运行 Docker 镜像的实例，可以在不同的操作系统、服务器或云平台上运行。Docker 仓库是存储和管理 Docker 镜像的地方，用户可以在其中共享和访问 Docker 镜像。Dockerfile 是一个用于定义 Docker 镜像的文本文件，其中包含一系列的命令和指令，以及如何构建 Docker 镜像的步骤。

1. 知识目标

①了解 Docker 容器的实现原理；
②了解使用 Docker 技术的领域；
③掌握镜像的使用方法；
④了解容器的基本概念；
⑤掌握容器的管理方法。

2. 能力目标

①学会镜像的简单运维；
②掌握容器的基本操作；
③掌握容器的运维管理；
④学会编写 Dockerfile 文件以构建镜像。

3. 素养目标

①培养以科学思维审视专业问题的能力；
②培养实际动手操作与团队合作的能力。

任务分解

本单元旨在让读者掌握 Docker 容器的安装与使用以及容器监控 Prometheus 的使用，为了方便读者学习，本单元设置了两个任务，任务分解如表 6-1 所示。

表 6-1 任务分解

任 务 名 称	任 务 目 标	学 时 安 排
任务 1 Docker 容器的安装与部署	能安装 Docker 环境并进行使用	6
任务 2 容器监控 Prometheus	能通过 Docker Compose 构建监控系统	6
总计		12

知识准备

1．Docker 虚拟化技术介绍

（1）容器技术

在介绍 Docker 虚拟化技术之前，先讲一讲什么是容器，IT 世界里的容器是英文单词 Linux Container 的直译。Container 这个单词有集装箱、容器的含义（主要偏集装箱）。在中文环境下，咱们要交流，要传授，如果翻译成"集装箱技术"就有点拗口，所以结合中国人的吐字习惯和文化背景，更适合用容器这个词。不过，如果要形象地理解 Linux Container 技术，还是念成集装箱比较好。我们知道，集装箱是用于运载货物的，是一种按规格标准化的钢制箱子。集装箱的特色，在于其格式划一，并可以层层重叠，所以可以大量放置在经过特别设计的远洋轮船中（早期航运是没有集装箱的，那时候货物被杂乱无章地放置，很影响出货和运输效率）。集装箱为生产商提供了廉价的运输服务。

因此，IT 世界里借鉴了这一理念。早期，大家都认为硬件抽象层基于 Hypervisor（系统管理程序，一种运行在基础物理服务器和操作系统之间的中间软件层，可允许多个操作系统和应用共享硬件）的虚拟化方式可以在最大程度上提供虚拟化管理的灵活性。各种使用不同操作系统的虚拟机都能通过 Hypervisor（KVM、Xen 等）来衍生、运行、销毁。然而，随着时间的推移，用户发现，Hypervisor 这种方式带来的麻烦越来越多。因为对于 Hypervisor 环境来说，每台虚拟机都需要运行一个完整的操作系统以及其中安装好的大量应用程序，但在实际生产开发环境中，用户更关注的是自己部署的应用程序，如果每次部署发布，用户都需要设置一个完整操作系统和其附带的依赖环境，这就让任务和性能变得很重、很低下。

基于上述情况，人们就在想，有没有其他方式能让用户更加关注应用程序本身，用户可以共享和复用底层多余的操作系统和环境？换句话来说，就是用户部署一个服务并运行后，再想移植到另外一个地方，可以不用再安装一个操作系统和其附带的依赖环境。这就像集装箱运载一样，用户把一辆兰博基尼跑车（好比开发好的 App）打包放到一个集装箱里，通过货轮可以轻而易举地从上海码头（CentOS 7.2 环境）将其运送到纽约码头（Ubuntu 14.04 环境）。而且在运输期间，兰博基尼跑车（App）没有受到任何损坏（文件没有丢失），

在另外一个码头卸货后，用户依然可以正常使用该跑车（启动正常）。

Linux Container 的诞生（2008 年）解决了 IT 世界里"集装箱运输"的问题。Linux Container（简称 LXC）是一种内核轻量级的操作系统层虚拟化技术。Linux Container 主要由 Namespace 和 Cgroup 两大机制来保证实现。那么 Namespace 和 Cgroup 是什么呢？上文提到了集装箱，集装箱的作用是可以对货物进行打包隔离，不让 A 公司的货物跟 B 公司的货物混在一起，不然卸货时就分不清楚了。那么 Namespace 也有一样的作用——隔离。只进行隔离还不行，我们还需要对货物进行资源管理。同样地，航运码头也有这样的管理机制：货物用什么样规格的集装箱，货物用多少个集装箱，哪些货物优先运走，遇到极端天气怎么暂停运输服务、怎么改航道等。与此对应的 Cgroup 就负责资源管理，比如进程组使用 CPU/MEM 的限制，进程组的优先级控制，进程组的挂起和恢复等。

（2）Docker 虚拟化技术

当前，Docker 几乎是容器的代名词，很多人以为 Docker 就是容器，其实，这是错误的认识，除了 Docker 还有 CoreOS。所以，容器世界里并不是只有 Docker 一家。既然不是一家就很容易出现分歧。任何技术都需要有一个标准来规范它，不然各自实现各自的很容易导致技术实现的碎片化，出现大量的冲突和冗余。因此，在 2015 年，由 Google、Docker、CoreOS、IBM、Microsoft、Red Hat 等厂商联合发起的 OCI（Open Container Initiative）组织成立了，并于 2016 年 4 月推出了第 1 个开放容器标准。标准主要包括 Runtime（运行时）标准和 Image（镜像）标准。标准的推出，有助于为成长中的市场带来稳定，让企业能放心采用容器技术，用户在打包、部署应用程序后，可以自由选择不同的容器 Runtime；同时，镜像打包、建立、认证、部署、命名也都能按照统一的规范来做。

Docker 是一个开源的应用容器引擎，基于 Go 语言并遵从 Apache 2.0 协议开源。Docker 可以让开发者打包他们的应用以及依赖包到一个轻量级、可移植的容器中，然后发布到任何流行的 Linux 机器上，也可以实现虚拟化。容器完全使用沙箱机制，相互之间不会有任何接口，更重要的是容器性能开销极低。Docker 改变了虚拟化的方式，使开发者可以直接将自己的成果放入 Docker 中进行管理。方便、快捷已经是 Docker 的最大优势，过去需要用数天乃至数周完成的任务，在 Docker 容器的处理下，只需要数秒就能完成。云计算时代的到来，使开发者不必为了追求效果而配置高额的硬件，Docker 改变了高性能必然高价格的思维定式。Docker 与云的结合，让云空间得到更充分的利用，不仅解决了硬件管理的问题，也改变了虚拟化的方式。

Docker 与虚拟机对比

在讲解 Docker 与虚拟机对比之前，读者可以先看下 Docker 官方网站关于两者的对比，如图 6-1 所示。

Docker：容器是应用程序层的抽象，将代码和依赖项打包在一起。多个容器可以在同一台计算机上运行，并与其他容器共享 OS 内核，每个容器在用户空间中作为隔离的进程运行。容器占用的空间小于虚拟机（容器镜像的大小通常为几十 MB），可以处理更多的应用程序，并且需要的虚拟机和操作系统更少。

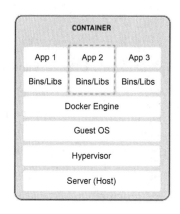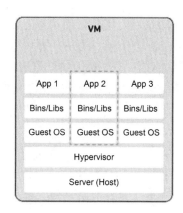

图 6-1 Docker 与虚拟机对比

虚拟机：虚拟机（VM）是将一台服务器转变为多台服务器的物理硬件的抽象。虚拟机管理程序允许多台虚拟机在单台计算机上运行。每台虚拟机包含操作系统、应用程序、必要的二进制文件和库的完整副本，占用大小为数十 GB。虚拟机也可能启动缓慢。用一句话来总结：Docker 容器比虚拟机轻量多了！

（3）Docker 技术的发展

① Docker 和 LXC。

Docker 的第 1 个执行环境是 LXC，但从 0.9 版本开始 LXC 被 Libcontainer 取代。

② Docker 和 Libcontainer。

Libcontainer 为 Docker 封装了由 Linux 操作系统提供的基础功能，如 Cgroups、Namespaces、Netlink 和 Netfilter 等。

③ Docker 和 runC。

2015 年，Docker 发布了 runC，它是一个轻量级的、跨平台的容器运行时。它基本上就是一个命令行小工具，可以直接利用 Libcontainer 运行容器，而无须通过 Docker Engine。runC 的目的是使标准容器在任何地方都可用。

④ Docker 和 OCI。

OCI 是一个轻量级的开放式管理架构，由 Docker、CoreOS 和容器行业的其他厂商于 2015 年建立。它维护一些项目，如 runC，以及制定容器运行时规范和镜像规范。OCI 的目的是围绕容器行业制定标准，比如使用 Docker 创建的容器可以在任何其他容器引擎上运行。

⑤ Docker 和 containerd。

2016 年，为了适应 OCI 标准，Docker 将 containerd 组件单独拆分出来，并捐赠给社区。将 containerd 组件分解为一个单独的项目，使得 Docker 将容器的管理功能移出 Docker 的核心引擎并移入一个单独的守护进程（即 containerd）中。

在过去几年，Docker 公司在容器技术领域取得了显著成功，成为主要的容器化解决方案供应商。其他大型科技公司，如 Google 和 Red Hat，受到了来自 Docker 公司垄断地位的威胁。为了降低对 Docker 技术的依赖，这些公司试图与 Docker 公司合作，共同推进一个开源的"容器运行时"作为 Docker 技术的核心依赖。然而，Docker 公司并未积极响应，导致其他公司对其产生了不满。

为了对抗 Docker 公司的垄断，这些大型公司采取了一系列措施，最终使得 Docker 公司将 Libcontainer 捐赠给了开源社区，形成了现今广泛使用的容器运行时组件 runC。此外，这些公司还联合成立了 Cloud Native Computing Foundation（CNCF），旨在推动云原生技术的发展。CNCF 的战略是在容器领域无法与 Docker 直接竞争时，侧重于容器编排，从而推动了 Kubernetes（K8s）的诞生。虽然 Docker 公司尝试通过 Docker Swarm 对抗 K8s，但最终未能取得成功。

随着时间的推移，K8s 逐渐成为云原生领域的标准。为了与 K8s 融合，Docker 公司开源了其核心依赖项 containerd。同时，为了保持与底层容器的兼容性并确保中立性，K8s 引入了 Container Runtime Interface（CRI），允许各种容器运行时（如 runC 和 containerd）对接 K8s。在此过程中，OCI 的容器运行时规范得到普遍支持，确保了容器生态系统的互操作性。

⑥ Docker 组件。

拆分出 containerd 后，Docker 各组件的关系如图 6-2 所示。

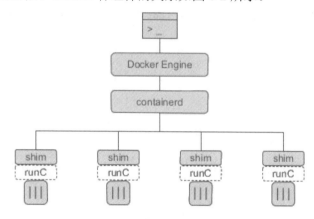

图 6-2　Docker 各组件的关系

至此，Docker 从一个单一的软件演变成了一套相互独立的组件和项目。

（4）Docker 技术的优势

作为一种新兴的虚拟化方式，Docker 与传统的虚拟化方式相比具有更多的优势。具体优势如下。

① 更高效地利用系统资源。

由于容器不需要进行硬件虚拟以及运行完整操作系统等，因此 Docker 对系统资源的利用率更高。无论是应用执行速度还是文件存储速度，Docker 都要比传统虚拟机技术更高效。因此，相比虚拟机技术，一个相同配置的主机，往往可以运行更多数量的应用。

② 更快速的启动时间。

传统的虚拟机技术启动应用服务往往需要数分钟，而 Docker 应用，由于直接运行于宿主内核，无须启动完整的操作系统，因此可以做到秒级，甚至毫秒级的启动时间，大大地节约了开发、测试、部署的时间。

③ 一致的运行环境。

在开发过程中一个常见的问题是环境一致性。开发环境、测试环境、生产环境不一致，导致有些 Bug 并未在开发过程中被发现。而 Docker 的镜像提供了除内核外完整的运行时环境，确保了应用运行环境的一致性，从而不会再出现这类问题。

④ 持续交付和部署。

开发和运维人员最希望的就是一次创建或配置容器后，其可以在任意地方正常运行。

使用 Docker 可以通过定制应用镜像来实现持续集成、持续交付和部署。开发人员可以通过 Dockerfile 来进行镜像构建，并结合持续集成（Continuous Integration）系统进行集成测试，而运维人员则可以直接在生产环境中快速部署该镜像，甚至结合持续部署（Continuous Delivery/Deployment）系统实现自动部署。

而且使用 Dockerfile 可以使镜像构建透明化，不仅使开发团队可以理解应用运行环境，也方便运维团队理解应用运行所需条件，从而更好地在生产环境中部署该镜像。

⑤ 更轻松地迁移。

Docker 确保了执行环境的一致性，使得应用的迁移更加容易。Docker 可以在很多平台上运行，无论是物理机、虚拟机、公有云、私有云，还是笔记本，其运行结果是一致的。因此用户可以很轻松地将在一个平台上运行的应用，迁移到另一个平台上，而不用担心运行环境的变化导致应用无法正常运行的情况。

⑥ 更轻松地维护和扩展。

Docker 使用的分层存储及镜像技术，使得应用重复部分的复用更为容易，也使得应用的维护更新更加简单，基于基础镜像进一步扩展镜像也变得非常简单。此外，Docker 团队与各个开源项目团队一起维护了一大批高质量的官方镜像，这些镜像既可以直接在生产环境中使用，也可以作为基础进一步定制，大大降低了应用服务的镜像制作成本。

容器与传统虚拟机的对比如表 6-2 所示。

表 6-2 容器与传统虚拟机的对比

项 目	特 性	
	容 器	虚 拟 机
启动	秒级	分钟级
磁盘使用	一般为 MB	一般为 GB
性能	接近原生	较弱
系统支持量	单机支持上千个容器	一般为几十台

（5）Docker 的核心概念

Docker 的核心概念有以下 3 个。

- 镜像（Image）：一个特殊的文件操作系统，除了提供容器运行时所需的程序、库、资源、配置等文件，还包含一些为运行时准备的配置参数（如匿名卷、环境变量、用户等）。镜像不包含任何动态数据，其内容在构建之后也不会被改变。

- 容器（Container）：用于运行镜像。例如，我们拉取了一个 MySQL 镜像之后，只有通过创建并启动 MySQL 容器才能使用 MySQL 镜像运行 MySQL 容器。容器可以进行创建、启动、停止、删除、暂停等操作。
- 仓库（Registry）：存放镜像文件的地方，用户可以把自己制作的镜像上传到仓库中。Docker 官方维护了一个公共仓库 Docker Hub。

Docker 的整个运行逻辑如图 6-3 所示。

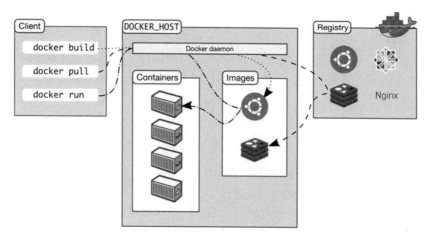

图 6-3　Docker 的运行逻辑

通过 Docker Client 将需要执行的 Docker 命令发送给 Docker 运行的节点上的 Docker daemon，Docker daemon 将请求进行分解执行，例如，执行 docker build 命令，它会根据 Dockerfile 构建一个镜像存放于本地；执行 docker pull 命令，它会从远端的容器镜像仓库中拉取镜像到本地；执行 docker run 命令，它会将容器镜像拉取并运行成为容器实例。

2．镜像、容器及仓库

（1）Docker 镜像

Docker 镜像类似于虚拟机镜像，可以理解为一个只读的模板。例如，一个包含 Nginx 应用程序的镜像，其内部包含一个基本的操作系统环境及 Nginx 应用程序。镜像是创建 Docker 容器的基础，通过版本管理和增量文件系统，Docker 提供了一套机制来创建或更新现有的镜像，用户还可以从网上下载并使用别人已经做好的镜像。

简单地理解，Docker 镜像就是一个 Linux 操作系统的文件系统（FileSystem），这个文件系统里面包含可以运行在 Linux 操作系统内核的程序及相应的数据。

也可以把镜像看作用户空间，当 Docker 通过镜像创建一个容器时，就是将镜像定义好的用户空间作为独立隔离的进程运行在宿主机的 Linux 操作系统内核之上。

这里要强调一下镜像的两个特征。

- 镜像是分层（Layer）的：一个镜像可以由多个中间层组成，多个镜像可以共享同一中间层，用户也可以通过在镜像中添加一层来生成一个新的镜像。

- 镜像是只读（read-only）的：镜像在构建完成之后，便不可以再修改，而上面我们所说的添加一层构建新的镜像，这中间实际是通过创建一个临时的容器，在容器上增加或删除文件，从而形成新的镜像，因为容器是可以动态改变的。

Docker 镜像是一个只读模板，用于创建 Docker 容器，由 Dockerfile 文本描述镜像的内容。镜像定义类似于"面对对象的类"，从一个基础镜像（Base Image）开始。构建一个镜像实际就是安装、配置和运行的过程。Docker 镜像基于 UnionFS 把以上过程进行分层（Layer）存储，这样在更新镜像时可以只更新变化的层。

（2）Docker 容器

Docker 容器是一个镜像的运行实例。容器由镜像创建，运行过程示例如下。

运行 Ubuntu 操作系统镜像，-i 为前台交互模型，运行命令为/bin/bash。

```
# docker run -i -t ubuntu /bin/bash
```

运行过程如下。

① 拉取（Pull）镜像，Docker Engine 检查 Ubuntu 操作系统镜像是否存在，如果本地已经存在，则使用该镜像创建容器；如果本地不存在，则 Docker Engine 从镜像库拉取镜像。

② 使用该镜像创建新容器。

③ 分配文件系统，挂载一个读/写层，在读/写层加载镜像。

④ 分配网络/网桥接口，创建一个网络接口，让容器和主机进行通信。

⑤ 从可用的 IP 地址池中选择 IP 地址，分配给容器。

⑥ 执行命令/bin/bash。

⑦ 捕获和提供执行结果。

（3）Docker 仓库

Docker 仓库类似于代码仓库，是集中存放 Docker 镜像文件的地方。根据所存储的镜像是否公开，我们可以把仓库分为公共（Public）仓库和私有（Private）仓库两种形式。

目前，最大的公共仓库是 Docker 官方提供的 Docker Hub，其中存放着数量庞大的镜像供用户下载使用。国内也有不少云服务提供商（如腾讯云、阿里云等）提供了仓库的本地源，为用户提供稳定的国内访问。

有时候部门内部要共享镜像时，如果直接导出镜像给别人是比较麻烦的，而使用像 Docker Hub 这样的公共仓库又不是很方便，这时候用户可以自己搭建属于自己的私有仓库，用于存储和分布自己的镜像。Docker 官方提供了 registry 镜像，可以用于搭建私有仓库。

用户创建好自有镜像后就可以使用 push 命令将它上传到指定的私有仓库中。这样其他人就可以在另外一台机器上下载并使用该镜像，这很像 Git 代码仓库的管理与使用方式。

3. Dockerfile 服务

（1）Docker 镜像介绍

Docker 镜像是一种可执行的软件包，由 Dockerfile 文件定义和构建。Dockerfile 是一个文本文件，其中包含了构建 Docker 镜像的步骤和配置信息。这些步骤包括选择基础镜像、添加应用程序代码和依赖项、配置运行时环境以及定义容器启动命令。通过 Docker 镜像，开发人员可以将应用程序与其依赖项一起打包，实现了应用程序的可移植性和自动化部署，使应用程序在不同环境中具有一致的运行行为。

（2）Docker Commit 介绍

在 Docker 中除了传统的 Linux 容器技术，还有其他的镜像技术。镜像技术的采用，使得 Docker 自下而上地打包为一个完整的应用，能够将更多的精力专注于应用本身。

Docker 镜像与 Docker 容器之间的关系相辅相成，它们共同作为技术基础来支撑 Docker 的发展，并为 Docker 的生态带来更大的凝聚力。然而，这两项技术并不是相互孤立的，两者之间的相互转换使 Docker 技术变得尤为方便，说到 Docker 镜像与 Docker 容器之间的相互转换，则要从两个角度来看待：一是从 Docker 镜像转换为 Docker 容器，它们之间的转换一般是通过 docker run 命令实现的；二是从 Docker 容器转换为 Docker 镜像，这种方式的转换则完全依靠 docker commit 命令来实现。

类比 OpenStack 云计算平台，容器就是运行的云主机，容器镜像就是虚拟机镜像。在 OpenStack 云平台中，如果需要制作一个 MySQL 镜像，则会启动一台虚拟机，安装 MySQL 服务，进行初始化，设置开机自启，将这台虚拟机打成快照，这个快照也就是一个虚拟机镜像，以后如果要启动带有 MySQL 服务的虚拟机，就选择这个镜像即可。而 docker commit 命令相当于给运行的容器打快照，制作成镜像。比如此时也需要制作一个 MySQL 镜像，则会启动一个基础的操作系统容器，安装 MySQL 服务，进行初始化，设置开机自启，使用 docker commit 命令打成镜像，那么今后使用这个镜像启动的容器，就带有 MySQL 服务了。

（3）Dockerfile 介绍

Dockerfile 是一个包含用于组合镜像的命令的文本文件，可以在命令行中调用任何命令。Docker 通过读取 Dockerfile 中的命令自动生成镜像。

在 Dockerfile 中，docker build 命令用于从 Dockerfile 中构建镜像。可以在 docker build 命令中使用-f 参数指向文件系统中任何位置的 Dockerfile，语法格式为：

```
# docker build -f /path/to/a/Dockerfile
```

Dockerfile 一般分为 4 部分，分别为基础镜像信息、维护者信息、镜像操作命令和容器启动时执行命令，"#" 为 Dockerfile 中的注释。

Dockerfile 中的主要命令如下。

- FROM：指定基础镜像，这个参数必须为第 1 条命令。
- MAINTAINER：添加维护者信息。
- RUN：构建镜像时执行的命令。
- ADD：将本地文件添加到容器中，tar 类型的文件会自动解压缩（网络压缩资源不会被解压缩），可以访问网络资源，类似 wget。
- COPY：功能类似 ADD，但是不会自动解压缩文件，也不能访问网络资源。
- CMD：在构建容器后调用，也就是在容器启动时才进行调用。
- ENTRYPOINT：配置容器，使其可执行。配合 CMD 可省去"application"，只使用参数。

- LABEL：用于为镜像添加元数据。
- ENV：设置环境变量。
- EXPOSE：指定与外界交互的端口。
- VOLUME：用于指定持久化目录。
- WORKDIR：工作目录，类似于 cd 命令。
- USER：后续的 RUN 也会使用指定的用户名。指定运行容器时的用户名或 UID，后续的 RUN 等命令也会使用指定的用户名，当服务不需要管理员权限时，可通过该命令指定运行的用户。
- ARG：用于指定传递给构建运行时的变量。
- ONBUILD：用于设置镜像触发器。

本单元主要介绍使用 Dockerfile 的方式制作镜像，因为使用 Docker Commit 意味着所有对镜像的操作都是"暗箱操作"，生成的镜像也被称为"暗箱镜像"，换句话说，就是除了制作镜像的人知道执行过什么命令、怎么生成的镜像，别人根本无从得知。而且，即使是这个制作镜像的人，过一段时间后也无法记清具体的操作。虽然 docker diff 或许可以告诉一些线索，但是远远达不到可以确保生成一致镜像的地步。这种"暗箱镜像"的维护工作是非常麻烦的。

而且，回顾之前提及的镜像所使用的分层存储的概念，除当前层外，之前的每一层都是不会发生改变的，换句话说，任何修改的结果仅仅是在当前层进行标记、添加、修改的，而不会改动上一层。

当使用 Docker Commit 制作镜像，并在后期进行修改时，每一次修改都会让镜像更加"臃肿"，所删除的上一层的东西并不会丢失，会一直如影随形地跟着这个镜像，即使根本无法被访问到。

任务 1 Docker 容器的安装与部署

1. 任务描述

Docker 是一种新兴的虚拟化方式，相比传统的虚拟机方式，它具有许多优势。首先，Docker 容器的启动速度非常快，可以在秒级内完成。其次，Docker 对系统资源的利用率非常高，一台主机可以同时运行数千个 Docker 容器。通过实际的案例演示，本任务可以使读者快速掌握 Docker 服务的应用场景和使用方法。无论是开发、测试、部署还是运维，Docker 都可以帮助用户快速构建和部署应用程序，提高工作效率和资源利用率。

2. 任务分析

（1）节点规划

使用麒麟服务器操作系统进行节点规划，如表 6-3 所示。

表 6-3　节点规划

IP 地址	主 机 名	节　　点
192.168.111.10	docker	Docker 服务器

（2）基础准备

使用 VMware Workstation 最小化安装一台虚拟机，配置使用 1vCPU/2GB 内存/40GB 硬盘，镜像使用 Kylin-Server-10-SP2-Release-Build09-20210524-x86_64.iso，网络使用 NAT 模式，并将 NAT 模式的网段配置成 192.168.111.0/24。虚拟机安装完成之后，配置虚拟机的 IP 地址（用户可自行配置 IP 地址，此处配置的 IP 地址为 192.168.111.10），并使用远程连接工具进行连接。

3．任务实施

（1）设置主机名

使用远程连接工具连接至 192.168.111.10，修改主机名为 docker，命令如下：

```
[root@kylin ~]# hostnamectl set-hostname docker
```

断开后重新连接虚拟机，查看主机名，命令如下：

```
[root@docker ~]# hostname
docker
```

（2）配置 yum 源

使用远程传输工具将 Kylin-Server-10-SP2-Release-Build09-20210524-x86_64.iso 软件包上传至/root 目录下，创建文件夹并挂载，命令如下：

```
[root@docker ~]# mkdir /opt/kylin
[root@docker ~]# mount Kylin-Server-10-SP2-Release-Build09-20210524-x86_64.iso /opt/kylin
 mount: /opt/kylin: WARNING: source write-protected, mounted read-only.
```

配置本地 yum 源，首先将/etc/yum.repos.d/目录下的文件删除，然后创建 local.repo 文件，命令如下：

```
[root@docker ~]# rm -rf /etc/yum.repos.d/*
[root@docker ~]# vi /etc/yum.repos.d/local.repo
```

local.repo 文件的内容如下：

```
[kylin]
name=kylin
baseurl=file:///opt/kylin
gpgcheck=0
enabled=1
```

至此，yum 源配置完成。

（3）安装 Docker 服务

使用如下命令安装 Docker 服务：

```
[root@docker ~]# yum install docker -y
```

安装完成后，编辑Docker服务的配置文件，在配置文件的最上面添加一行代码，并修改部分配置，命令如下：

```
[root@docker ~]# systemctl enable --now docker
```

启动Docker服务，命令如下：

```
[root@docker ~]# systemctl status docker
● docker.service - Docker Application Container Engine
   Loaded: loaded (/usr/lib/systemd/system/docker.service; enabled; vendor preset: disabled)
   Active: active (running) since Tue 2023-02-21 14:28:09 CST; 21min ago
```

（4）安装Docker Compose服务

将docker-compose-linux-x86_64文件上传至服务器，并将该文件移动至/usr/local/bin/目录下：

```
[root@docker ~]# mv docker-compose-linux-x86_64 /usr/local/bin/
```

为下载的二进制文件添加可执行权限：

```
[root@docker ~]# chmod +x /usr/local/bin/docker-compose
```

验证Docker Compose服务是否安装成功：

```
[root@docker ~]# docker-compose --version
Docker Compose version v2.16.0
```

如果Docker Compose服务安装成功，则会输出Docker Compose的版本信息。

在安装Docker Compose服务时需要具有管理员权限，可以使用sudo命令来执行相关操作。此外，建议使用最新版本的Docker Compose，以确保软件的稳定性和安全性。

（5）导入镜像

```
[root@docker ~]# docker load -i ubuntu.tar
c5ff2d88f679: Loading layer  80.33MB/80.33MB
Loaded image: ubuntu:latest
```

（6）创建容器

使用以下命令创建一个名为mycontainer的容器：

```
[root@docker ~]# docker create --name mycontainer ubuntu
449a8283416e9b031b2fddc45a2b9a7b4307c2cc89f045cd0fa5b66554790f84
```

该命令将创建一个名为mycontainer的容器，其基于Ubuntu镜像。

（7）启动容器

docker run命令的参数如下。

- -i：保持容器运行，通常与-t同时使用。加入-i与-t这两个参数后，容器创建后会自动进入容器中。退出容器后，容器自动关闭。
- -t：为容器重新分配一个伪输入终端，通常与-i同时使用。
- -d：以守护（后台）模式运行容器，创建一个容器并在后台运行，需要使用docker exec进入容器。退出容器后，容器不会关闭。

- --name：为创建的容器命名。例如，docker run -it alpine。

使用以下命令进入 mycontainer 容器：

```
[root@docker ~]# docker run -it ubuntu bash
root@2df6735e7944:/#
```

（8）查看当前容器状态

查看所有启动的容器（查看所有容器需添加-a 参数）：

```
[root@docker ~]# docker ps -a
CONTAINER ID        IMAGE                COMMAND              CREATED
STATUS              PORTS                NAMES
  2df6735e7944      ubuntu               "bash"               About a minute ago
Exited (127) 23 seconds ago              nervous_dijkstra
  449a8283416e      ubuntu               "/bin/bash"          4 hours ago
Exited (0) 11 seconds ago                mycontainer
[root@docker ~]#
```

解释如下。
- CONTAINER ID：容器的 ID。
- IMAGE：启动使用的镜像。
- COMMAND：启动容器时传入的命令。
- CREATED：创建时间。
- STATUS：容器状态。
- PORTS：端口映射情况。
- NAMES：容器的名称，如果没有指定，则系统会随机分配。

（9）进入容器

```
[root@docker ~]# docker run -dit --name test ubuntu
8d73b4e8555ecc8399c7fae5dc1881a4704e1396d3f5b6c7c668743f940e02c9
[root@docker ~]# docker ps -a
CONTAINER ID        IMAGE                COMMAND              CREATED
STATUS              PORTS                NAMES
  8d73b4e8555e      ubuntu               "/bin/bash"          11 seconds ago
Up 11 seconds                            test
[root@docker ~]# docker exec -it test bash
root@8d73b4e8555e:/#
```

在上述代码中，首先在后台启动一个交互式 ubuntu 容器，并查看这个容器的状态，确认在运行中。后续操作需要用到容器名称，所以在这里对其进行重命名。

（10）删除容器

当不添加-f 参数时，如果容器处于运行状态则无法被删除，需要停止容器运行才能将其删除。

```
docker rm [OPTIONS] 容器名称/id [CONTAINER...]
```

OPTIONS 说明如下。

在不添加参数的情况下，可以删除已经停止运行的容器。

- -f：通过 SIGKILL 信号删除一个正在运行的容器。
- -l：移除容器间的网络，而非容器本身。
- -v：删除与容器映射的目录。

宿主机运行一段时间后，会有大量已经停止运行的容器，如果需要将其批量删除，则可以使用如下命令：

```
[root@docker ~]# docker ps -a
CONTAINER ID        IMAGE             COMMAND         CREATED        STATUS            PORTS            NAMES
8d73b4e8555e        ubuntu            "/bin/bash"     3 minutes ago  Up 3 minutes                       test
[root@docker ~]# docker rm -f 8d73b4e8555e
8d73b4e8555e
[root@docker ~]# docker ps -a
CONTAINER ID        IMAGE             COMMAND         CREATED        STATUS            PORTS            NAMES
```

（11）删除镜像

docker rmi 命令用于删除本地镜像：

```
[root@docker ~]# docker rmi ubuntu:latest
Untagged: ubuntu:latest
Deleted: sha256:58db3edaf2be6e80f628796355b1bdeaf8bea1692b402f48b7e7b8d1ff100b02
Deleted: sha256:c5ff2d88f67954bdcf1cfdd46fe3d683858d69c2cadd6660812edfc83726c654
```

任务 2　容器监控 Prometheus

1．任务描述

本任务全面介绍如何使用 Prometheus 和 Grafana 搭建一个完整的监控系统，包括安装、配置、数据可视化和告警管理等基本内容。通过对本任务的学习，读者将具备独立完成一个简单监控系统的搭建和维护的能力。本任务通过实际使用案例，让读者快速掌握 Prometheus 的应用场景和使用方法，该案例是学习监控系统搭建的重要参考资料。

2．任务分析

（1）节点规划

使用麒麟服务器操作系统进行节点规划，如表 6-4 所示。

表 6-4　节点规划

IP 地址	主　机　名	节　　点
192.168.111.10	docker	Docker 服务器

（2）基础准备

使用 VMware Workstation 最小化安装一台虚拟机，配置使用 1vCPU/2GB 内存/40GB 硬盘，镜像使用 Kylin-Server-10-SP2-Release-Build09-20210524-x86_64.iso，网络使用 NAT 模式，并将 NAT 模式的网段配置成 192.168.111.0/24。虚拟机安装完成之后，配置虚拟机的 IP 地址（用户可自行配置 IP 地址，此处配置的 IP 地址为 192.168.111.10），并使用远程连接工具进行连接。

3. 任务实施

（1）将 Monitor.tar.gz 文件上传至服务器，并将其解压缩至当前目录下：

```
[root@docker ~]# tar zxf Monitor.tar.gz
[root@docker ~]# ls -l
总用量 217244
drwxr-xr-x 3 root root       253 1月 17  2022 Monitor
-rw-r--r-- 1 root root 222455082 2月 21 13:59 Monitor.tar.gz
```

（2）部署 node_exporter

编辑 Dockerfile-exporter 文件：

```
[root@docker ~]# cd Monitor/
[root@docker Monitor]# docker load -i CentOS_7.9.2009.tar
[root@docker Monitor]# vi Dockerfile-exporter
```

Dockerfile-exporter 文件的内容如下：

```
FROM centos:centos7.9.2009
MAINTAINER Chinaskills
COPY node_exporter-0.18.1.linux-amd64.tar.gz /root/
RUN useradd prometheus -s /sbin/nologin
RUN mkdir /data/
RUN tar -zxvf /root/node_exporter-0.18.1.linux-amd64.tar.gz -C /data/
RUN mv /data/node_exporter-0.18.1.linux-amd64 /data/node_exporter
RUN chown prometheus:prometheus -R /data/node_exporter
EXPOSE 9100
CMD /data/node_exporter/node_exporter
```

构建 monitor-exporter 镜像：

```
[root@docker Monitor]# docker build -t monitor-exporter:v1.0 -f Dockerfile-exporter .
Sending build context to Docker daemon  360.5MB
Step 1/10 : FROM centos:centos7.9.2009
 ---> eeb6ee3f44bd
Step 2/10 : MAINTAINER Chinaskills
 ---> Running in 07344bf88f00
Removing intermediate container 07344bf88f00
 ---> f238fdd4bd3d
Step 3/10 : COPY node_exporter-0.18.1.linux-amd64.tar.gz /root/
 ---> cc4b2eb6cd76
```

```
Step 4/10 : RUN useradd prometheus -s /sbin/nologin
 ---> Running in 427672dd361b
Removing intermediate container 427672dd361b
 ---> 13d47718ed5b
Step 5/10 : RUN mkdir /data/
 ---> Running in ce429619acd2
Removing intermediate container ce429619acd2
 ---> 78b7b180ea75
Step 6/10 : RUN tar -zxvf /root/node_exporter-0.18.1.linux-amd64.tar.gz -C /data/
 ---> Running in 945f65a0742d
node_exporter-0.18.1.linux-amd64/
node_exporter-0.18.1.linux-amd64/node_exporter
node_exporter-0.18.1.linux-amd64/NOTICE
node_exporter-0.18.1.linux-amd64/LICENSE
Removing intermediate container 945f65a0742d
 ---> 2313c0dd9472
Step 7/10 : RUN mv /data/node_exporter-0.18.1.linux-amd64 /data/node_exporter
 ---> Running in d08a161afff0
Removing intermediate container d08a161afff0
 ---> 9e0e507334f9
Step 8/10 : RUN chown prometheus:prometheus -R /data/node_exporter
 ---> Running in ce7e1a17715b
Removing intermediate container ce7e1a17715b
 ---> 2bd1b721a1b5
Step 9/10 : EXPOSE 9100
 ---> Running in dc32c0bfaf91
Removing intermediate container dc32c0bfaf91
 ---> 4a5ef742bd86
Step 10/10 : CMD /data/node_exporter/node_exporter
 ---> Running in 3fc8edd6b433
Removing intermediate container 3fc8edd6b433
 ---> 330a37cb0e75
Successfully built 330a37cb0e75
Successfully tagged monitor-exporter:v1.0
```

（3）容器化部署 Alertmanager

编写初始化脚本文件：

```
[root@docker Monitor]# vi alert_init.sh
```

alert_init.sh 脚本文件的内容如下：

```
#!/bin/bash
./alertmanager --config.file=/data/alertmanager/alertmanager.yml
```

编写配置文件：

```
[root@docker Monitor]# vi alertmanager/alertmanager.yml
```

```
global:
  resolve_timeout: 5m
  smtp_smarthost: '114463512@.163.com:465'
  smtp_from: 'alert@163.com'
  smtp_auth_username: '114463512@163.com'
  smtp_auth_password: 'flwlf[a;'
  smtp_require_tls: false

route:
  receiver: 'default'
  group_wait: 10s
  group_interval: 1m
  repeat_interval: 1h
  group_by: ['alertname']

inhibit_rules:
- source_match:
    severity: 'critical'
  target_match:
    severity: 'warning'
  equal: ['alertname', 'instance']
```

编写 Dockerfile-alert 文件：

```
[root@docker Monitor]# vi Dockerfile-alert
FROM centos:centos7.9.2009
MAINTAINER Chinaskills
COPY alertmanager-0.19.0.linux-amd64.tar.gz /root/
RUN mkdir /data/
RUN tar -zxvf /root/alertmanager-0.19.0.linux-amd64.tar.gz -C /data/
RUN mv /data/alertmanager-0.19.0.linux-amd64 /data/alertmanager
WORKDIR /data/alertmanager/
COPY alert_init.sh /data/alertmanager/
RUN chmod +x alert_init.sh
EXPOSE 9093
EXPOSE 9094
CMD ["/bin/bash","/data/alertmanager/alert_init.sh"]
```

构建 monitor-alert 镜像：

```
[root@docker Monitor]# docker build -t monitor-alert:v1.0 -f Dockerfile-alert .
Sending build context to Docker daemon  360.5MB
Step 1/12 : FROM centos:centos7.9.2009
 ---> eeb6ee3f44bd
Step 2/12 : MAINTAINER Chinaskills
 ---> Using cache
 ---> f238fdd4bd3d
Step 3/12 : COPY alertmanager-0.19.0.linux-amd64.tar.gz /root/
```

```
    ---> 4b7c90764ebf
   Step 4/12 : RUN mkdir /data/
    ---> Running in f7730f192818
   Removing intermediate container f7730f192818
    ---> 5d87b2825d3d
   Step 5/12 : RUN tar -zxvf /root/alertmanager-0.19.0.linux-amd64.tar.gz -
C /data/
    ---> Running in 0883d25ce874
   alertmanager-0.19.0.linux-amd64/
   alertmanager-0.19.0.linux-amd64/LICENSE
   alertmanager-0.19.0.linux-amd64/alertmanager
   alertmanager-0.19.0.linux-amd64/amtool
   alertmanager-0.19.0.linux-amd64/alertmanager.yml
   alertmanager-0.19.0.linux-amd64/NOTICE
   Removing intermediate container 0883d25ce874
    ---> 18a11808d703
   Step 6/12 : RUN mv /data/alertmanager-0.19.0.linux-amd64 /data
/alertmanager
    ---> Running in af7374162789
   Removing intermediate container af7374162789
    ---> 785f21eaa6b8
   Step 7/12 : WORKDIR /data/alertmanager/
    ---> Running in 873792b72faf
   Removing intermediate container 873792b72faf
    ---> 2dfaf639b5e9
   Step 8/12 : COPY alert_init.sh /data/alertmanager/
    ---> 0ea761e97fd4
   Step 9/12 : RUN chmod +x alert_init.sh
    ---> Running in d66f69a5c6ae
   Removing intermediate container d66f69a5c6ae
    ---> 1595af69d8af
   Step 10/12 : EXPOSE 9093
    ---> Running in 219e1d194210
   Removing intermediate container 219e1d194210
    ---> 007f51f94e6f
   Step 11/12 : EXPOSE 9094
    ---> Running in 9336b3d3578a
   Removing intermediate container 9336b3d3578a
    ---> fa7805c4234a
   Step 12/12 : CMD ["/bin/bash","/data/alertmanager/alert_init.sh"]
    ---> Running in eb0bfcc24281
   Removing intermediate container eb0bfcc24281
    ---> 3f379de7dc26
   Successfully built 3f379de7dc26
   Successfully tagged monitor-alert:v1.0
```

（4）容器化部署 Prometheus

编写初始化脚本文件：

```
[root@docker Monitor]# vi prometheus_init.sh
#!/bin/bash
./prometheus --config.file=/data/prometheus/prometheus.yml
```

编写配置文件：

```
[root@docker Monitor]# vi prometheus.yml
global:
  scrape_interval:     15s
  evaluation_interval: 15s

alerting:
  alertmanagers:
  - static_configs:
    - targets:
      - alertmanager:9093

rule_files:
  - "*rules.yml"

scrape_configs:
  - job_name: 'prometheus'
    static_configs:
    - targets: ['prometheus:9090']

  - job_name: 'node'
    static_configs:
    - targets: ['node-exporter:9100']

  - job_name: 'alertmanager'
    static_configs:
    - targets: ['alertmanager:9093']
```

编写告警规则：

```
[root@docker Monitor]# vi alert-rules.yml
groups:
  - name: node-alert
    rules:
    - alert: NodeDown
      expr: up{job="node"} == 0
      for: 5m
      labels:
        severity: critical
        instance: "{{ $labels.instance }}"
      annotations:
```

```yaml
      summary: "instance: {{ $labels.instance }} down"
      description: "Instance: {{ $labels.instance }} 已经宕机 5 分钟"
      value: "{{ $value }}"

  - alert: NodeCpuHigh
    expr: (1 - avg by (instance) (irate(node_cpu_seconds_total{job="node",mode="idle"}[5m]))) * 100 > 80
    for: 5m
    labels:
      severity: warning
      instance: "{{ $labels.instance }}"
    annotations:
      summary: "instance: {{ $labels.instance }} cpu 使用率过高"
      description: "CPU 使用率超过 80%"
      value: "{{ $value }}"

  - alert: NodeCpuIowaitHigh
    expr: avg by (instance) (irate(node_cpu_seconds_total{job="node",mode="iowait"}[5m])) * 100 > 50
    for: 5m
    labels:
      severity: warning
      instance: "{{ $labels.instance }}"
    annotations:
      summary: "instance: {{ $labels.instance }} cpu iowait 使用率过高"
      description: "CPU iowait 使用率超过 50%"
      value: "{{ $value }}"

  - alert: NodeLoad5High
    expr: node_load5 > (count by (instance) (node_cpu_seconds_total{job="node",mode='system'})) * 1.2
    for: 5m
    labels:
      severity: warning
      instance: "{{ $labels.instance }}"
    annotations:
      summary: "instance: {{ $labels.instance }} load(5m) 过高"
      description: "Load(5m) 过高, 超出 cpu 核数 1.2 倍"
      value: "{{ $value }}"

  - alert: NodeMemoryHigh
    expr: (1 - node_memory_MemAvailable_bytes{job="node"} / node_memory_MemTotal_bytes{job="node"}) * 100 > 90
    for: 5m
    labels:
      severity: warning
```

```yaml
        instance: "{{ $labels.instance }}"
      annotations:
        summary: "instance: {{ $labels.instance }} memory 使用率过高"
        description: "Memory 使用率超过 90%"
        value: "{{ $value }}"

    - alert: NodeDiskRootHigh
      expr: (1 - node_filesystem_avail_bytes{job="node",fstype=~"ext.*|xfs",mountpoint ="/"} / node_filesystem_size_bytes{job="node",fstype=~"ext.*|xfs",mountpoint ="/"}) * 100 > 90
      for: 10m
      labels:
        severity: warning
        instance: "{{ $labels.instance }}"
      annotations:
        summary: "instance: {{ $labels.instance }} disk(/ 分区) 使用率过高"
        description: "Disk(/ 分区) 使用率超过 90%"
        value: "{{ $value }}"

    - alert: NodeDiskBootHigh
      expr: (1 - node_filesystem_avail_bytes{job="node",fstype=~"ext.*|xfs",mountpoint ="/boot"} / node_filesystem_size_bytes{job="node",fstype=~"ext.*|xfs",mountpoint ="/boot"}) * 100 > 80
      for: 10m
      labels:
        severity: warning
        instance: "{{ $labels.instance }}"
      annotations:
        summary: "instance: {{ $labels.instance }} disk(/boot 分区) 使用率过高"
        description: "Disk(/boot 分区) 使用率超过 80%"
        value: "{{ $value }}"

    - alert: NodeDiskReadHigh
      expr: irate(node_disk_read_bytes_total{job="node"}[5m]) > 20 * (1024 ^ 2)
      for: 5m
      labels:
        severity: warning
        instance: "{{ $labels.instance }}"
      annotations:
        summary: "instance: {{ $labels.instance }} disk 读取字节数速率过高"
        description: "Disk 读取字节数速率超过 20MB/s"
        value: "{{ $value }}"

    - alert: NodeDiskWriteHigh
```

```yaml
      expr: irate(node_disk_written_bytes_total{job="node"}[5m]) > 20 * (1024 ^ 2)
      for: 5m
      labels:
        severity: warning
        instance: "{{ $labels.instance }}"
      annotations:
        summary: "instance: {{ $labels.instance }} disk 写入字节数速率过高"
        description: "Disk 写入字节数速率超过 20MB/s"
        value: "{{ $value }}"

    - alert: NodeDiskReadRateCountHigh
      expr: irate(node_disk_reads_completed_total{job="node"}[5m]) > 3000
      for: 5m
      labels:
        severity: warning
        instance: "{{ $labels.instance }}"
      annotations:
        summary: "instance: {{ $labels.instance }} disk iops 每秒读取速率过高"
        description: "Disk iops 每秒读取速率超过 3000 iops"
        value: "{{ $value }}"

    - alert: NodeDiskWriteRateCountHigh
      expr: irate(node_disk_writes_completed_total{job="node"}[5m]) > 3000
      for: 5m
      labels:
        severity: warning
        instance: "{{ $labels.instance }}"
      annotations:
        summary: "instance: {{ $labels.instance }} disk iops 每秒写入速率过高"
        description: "Disk iops 每秒写入速率超过 3000 iops"
        value: "{{ $value }}"

    - alert: NodeInodeRootUsedPercentHigh
      expr: (1 - node_filesystem_files_free{job="node",fstype=~"ext4|xfs",mountpoint="/"} / node_filesystem_files{job="node",fstype=~"ext4|xfs",mountpoint="/"}) * 100 > 80
      for: 10m
      labels:
        severity: warning
        instance: "{{ $labels.instance }}"
      annotations:
```

```
        summary: "instance: {{ $labels.instance }} disk(/ 分区) inode 使用
率过高"
        description: "Disk (/ 分区) inode 使用率超过 80%"
        value: "{{ $value }}"

    - alert: NodeInodeBootUsedPercentHigh
      expr: (1 - node_filesystem_files_free{job="node",fstype=
~"ext4|xfs",mountpoint="/boot"} / node_filesystem_files{job="node",fstype=
~"ext4|xfs",mountpoint="/boot"}) * 100 > 80
      for: 10m
      labels:
        severity: warning
        instance: "{{ $labels.instance }}"
      annotations:
        summary: "instance: {{ $labels.instance }} disk(/boot 分区) inode
使用率过高"
        description: "Disk (/boot 分区) inode 使用率超过 80%"
        value: "{{ $value }}"

    - alert: NodeFilefdAllocatedPercentHigh
      expr: node_filefd_allocated{job="node"} / node_filefd_maximum
{job="node"} * 100 > 80
      for: 10m
      labels:
        severity: warning
        instance: "{{ $labels.instance }}"
      annotations:
        summary: "instance: {{ $labels.instance }} filefd 打开百分比过高"
        description: "Filefd 打开百分比 超过 80%"
        value: "{{ $value }}"

    - alert: NodeNetworkNetinBitRateHigh
      expr: avg by (instance) (irate(node_network_receive_bytes_total
{device=~"eth0|eth1|ens33|ens37"}[1m]) * 8) > 20 * (1024 ^ 2) * 8
      for: 3m
      labels:
        severity: warning
        instance: "{{ $labels.instance }}"
      annotations:
        summary: "instance: {{ $labels.instance }} network 接收比特数速率
过高"
        description: "Network 接收比特数速率超过 20MB/s"
        value: "{{ $value }}"

    - alert: NodeNetworkNetoutBitRateHigh
```

```
    expr: avg by (instance) (irate(node_network_transmit_bytes_total
{device=~"eth0|eth1|ens33|ens37"}[1m]) * 8) > 20 * (1024 ^ 2) * 8
      for: 3m
      labels:
        severity: warning
        instance: "{{ $labels.instance }}"
      annotations:
        summary: "instance: {{ $labels.instance }} network 发送比特数速率过高"
        description: "Network 发送比特数速率超过 20MB/s"
        value: "{{ $value }}"

    - alert: NodeNetworkNetinPacketErrorRateHigh
      expr: avg by (instance) (irate(node_network_receive_errs_total
{device=~"eth0|eth1|ens33|ens37"}[1m])) > 15
      for: 3m
      labels:
        severity: warning
        instance: "{{ $labels.instance }}"
      annotations:
        summary: "instance: {{ $labels.instance }} 接收错误包速率过高"
        description: "Network 接收错误包速率超过 15 个/秒"
        value: "{{ $value }}"

    - alert: NodeNetworkNetoutPacketErrorRateHigh
      expr: avg by (instance) (irate(node_network_transmit_packets_total
{device=~"eth0|eth1|ens33|ens37"}[1m])) > 15
      for: 3m
      labels:
        severity: warning
        instance: "{{ $labels.instance }}"
      annotations:
        summary: "instance: {{ $labels.instance }} 发送错误包速率过高"
        description: "Network 发送错误包速率超过 15 个/秒"
        value: "{{ $value }}"

    - alert: NodeProcessBlockedHigh
      expr: node_procs_blocked{job="node"} > 10
      for: 10m
      labels:
        severity: warning
        instance: "{{ $labels.instance }}"
      annotations:
        summary: "instance: {{ $labels.instance }} 当前被阻塞的任务的数量过多"
        description: "Process 当前被阻塞的任务的数量超过 10 个"
        value: "{{ $value }}"
```

```
    - alert: NodeTimeOffsetHigh
      expr: abs(node_timex_offset_seconds{job="node"}) > 3 * 60
      for: 2m
      labels:
        severity: info
        instance: "{{ $labels.instance }}"
      annotations:
        summary: "instance: {{ $labels.instance }} 时间偏差过大"
        description: "Time 节点的时间偏差超过 3ms"
        value: "{{ $value }}"
```

编写 Dockerfile-prometheus 文件：

```
[root@docker Monitor]# cat Dockerfile-prometheus
FROM centos:centos7.9.2009
MAINTAINER Chinaskills
COPY prometheus-2.13.0.linux-amd64.tar.gz /root/
RUN mkdir /data/
RUN tar -zxvf /root/prometheus-2.13.0.linux-amd64.tar.gz -C /data/
RUN mv /data/prometheus-2.13.0.linux-amd64 /data/prometheus
WORKDIR /data/prometheus/
COPY prometheus.yml /data/prometheus/
COPY alert-rules.yml /data/prometheus/
COPY prometheus_init.sh /data/prometheus/
RUN chmod +x prometheus_init.sh
EXPOSE 9090
CMD ["/bin/bash","/data/prometheus/prometheus_init.sh"]
```

构建 monitor-prometheus 镜像：

```
[root@docker Monitor]# docker build -t monitor-prometheus:v1.0 -f Dockerfile-prometheus .
Sending build context to Docker daemon  360.5MB
Step 1/13 : FROM centos:centos7.9.2009
 ---> eeb6ee3f44bd
Step 2/13 : MAINTAINER Chinaskills
 ---> Using cache
 ---> f238fdd4bd3d
Step 3/13 : COPY prometheus-2.13.0.linux-amd64.tar.gz /root/
 ---> 80d2df02119e
Step 4/13 : RUN mkdir /data/
 ---> Running in b38c6486b035
Removing intermediate container b38c6486b035
 ---> d83136db9f3b
Step 5/13 : RUN tar -zxvf /root/prometheus-2.13.0.linux-amd64.tar.gz -C /data/
 ---> Running in fec2a2f6d400
prometheus-2.13.0.linux-amd64/
prometheus-2.13.0.linux-amd64/NOTICE
```

```
prometheus-2.13.0.linux-amd64/promtool
prometheus-2.13.0.linux-amd64/consoles/
prometheus-2.13.0.linux-amd64/consoles/prometheus.html
prometheus-2.13.0.linux-amd64/consoles/node-overview.html
prometheus-2.13.0.linux-amd64/consoles/node-cpu.html
prometheus-2.13.0.linux-amd64/consoles/node.html
prometheus-2.13.0.linux-amd64/consoles/index.html.example
prometheus-2.13.0.linux-amd64/consoles/prometheus-overview.html
prometheus-2.13.0.linux-amd64/consoles/node-disk.html
prometheus-2.13.0.linux-amd64/LICENSE
prometheus-2.13.0.linux-amd64/console_libraries/
prometheus-2.13.0.linux-amd64/console_libraries/prom.lib
prometheus-2.13.0.linux-amd64/console_libraries/menu.lib
prometheus-2.13.0.linux-amd64/tsdb
prometheus-2.13.0.linux-amd64/prometheus.yml
prometheus-2.13.0.linux-amd64/prometheus
Removing intermediate container fec2a2f6d400
 ---> 1c4e5620b644
Step 6/13 : RUN mv /data/prometheus-2.13.0.linux-amd64 /data/prometheus
 ---> Running in 1ff4401e7456
Removing intermediate container 1ff4401e7456
 ---> 821d8f23e080
Step 7/13 : WORKDIR /data/prometheus/
 ---> Running in 851304a97bae
Removing intermediate container 851304a97bae
 ---> 315fdf0683ee
Step 8/13 : COPY prometheus.yml /data/prometheus/
 ---> a65e3d11162a
Step 9/13 : COPY alert-rules.yml /data/prometheus/
 ---> 9ac391be7e87
Step 10/13 : COPY prometheus_init.sh /data/prometheus/
 ---> a51211129c17
Step 11/13 : RUN chmod +x prometheus_init.sh
 ---> Running in b249be93b815
Removing intermediate container b249be93b815
 ---> e79ef6e0d38d
Step 12/13 : EXPOSE 9090
 ---> Running in fa0de7acf571
Removing intermediate container fa0de7acf571
 ---> b6f1595ca5b2
Step 13/13 : CMD ["/bin/bash","/data/prometheus/prometheus_init.sh"]
 ---> Running in 9442ee7786c7
Removing intermediate container 9442ee7786c7
 ---> 690b00f9a931
Successfully built 690b00f9a931
Successfully tagged monitor-prometheus:v1.0
```

（5）容器化部署 Grafana

编写初始化脚本文件：

```
[root@docker Monitor]# vi grafana_init.sh
#!/bin/bash
./grafana-server
```

编写 Dockerfile-grafana 文件：

```
[root@docker Monitor]# vi Dockerfile-grafana
FROM centos:centos7.9.2009
MAINTAINER Chinaskills
COPY grafana-6.4.1.linux-amd64.tar.gz /root/
RUN mkdir /data/
RUN tar -zxvf /root/grafana-6.4.1.linux-amd64.tar.gz -C /data/
RUN mv /data/grafana-6.4.1 /data/grafana
WORKDIR /data/grafana/bin
COPY grafana_init.sh /data/grafana/bin
RUN chmod +x grafana_init.sh
EXPOSE 3000
CMD ["/bin/bash","/data/grafana/bin/grafana_init.sh"]
```

构建 monitor-grafana 镜像：

```
[root@docker Monitor]# docker build -t monitor-grafana:v1.0 -f Dockerfile-grafana .
Successfully tagged monitor-grafana:v1.0
```

（6）编排服务

编写 docker-compose.yaml 文件：

```
[root@docker Monitor]# vi docker-compose.yaml
version: '3.7'

services:
  node-exporter:
    image: monitor-exporter:v1.0
    container_name: prometheus-node
    ports:
      - "9100:9100"
    networks:
      - prom

  alertmanager:
    image: monitor-alert:v1.0
    container_name: prometheus-alertmanager
    volumes:
      - type: bind
        source: ./alertmanager/alertmanager.yml
        target: /etc/alertmanager/alertmanager.yml
```

```
      read_only: true
    ports:
      - "9093:9093"
      - "9094:9094"
    networks:
      - prom

  prometheus:
    depends_on:
      - alertmanager
    image: monitor-prometheus:v1.0
    container_name: prometheus-prometheus
    ports:
      - "9090:9090"
    networks:
      - prom

  grafana:
    depends_on:
      - prometheus
    image: monitor-grafana:v1.0
    container_name: prometheus-grafana
    ports:
      - "3000:3000"
    networks:
      - prom


networks:
  prom:
    driver: bridge
```

（7）启动监控应用

在部署服务之前需要先暂停 cockpit 服务，否则将出现端口冲突：

```
[root@docker Monitor]# systemctl stop cockpit.socket
[root@docker Monitor]# docker-compose up -d
[+] Running 5/5
 ⋮ Network monitor_prom              Created         0.1s
 ⋮ Container prometheus-node         Started         0.8s
 ⋮ Container prometheus-alertmanager Started         0.8s
 ⋮ Container prometheus-prometheus   Started         1.8s
 ⋮ Container prometheus-grafana      Started         2.9s
```

查看服务：

```
[root@docker Monitor]# docker-compose ps
```

```
    NAME                            IMAGE                              COMMAND              SERVICE           CREATED          STATUS          PORTS
    prometheus-alertmanager      monitor-alert:v1.0          "/bin/bash /data/ale…"   alertmanager         About a minute ago    Up About a minute    0.0.0.0:9093-9094->9093-9094/tcp
    prometheus-grafana           monitor-grafana:v1.0        "/bin/bash /data/gra…"   grafana              About a minute ago    Up 15 seconds        0.0.0.0:3000->3000/tcp
    prometheus-node              monitor-exporter:v1.0       "/bin/sh -c /data/no…"   node-exporter        About a minute ago    Up About a minute    0.0.0.0:9100->9100/tcp
    prometheus-prometheus        monitor-prometheus:v1.0     "/bin/bash /data/pro…"   prometheus           About a minute ago    Up 15 seconds        0.0.0.0:9090->9090/tcp
```

(8) 访问服务

在浏览器上访问 Prometheus, 其监控指标界面如图 6-4 所示。

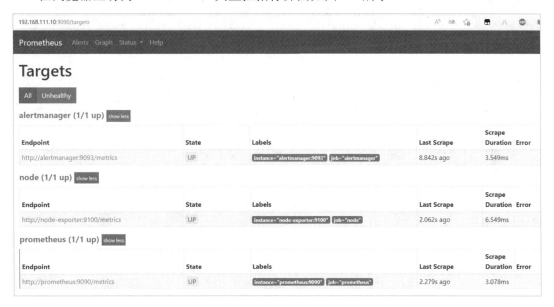

图 6-4　Prometheus 监控指标界面

在浏览器上访问 Grafana, 其界面如图 6-5 所示。

登录 (admin/admin) Grafana, 如图 6-6 所示。

切换到数据源界面, 如图 6-7 所示。

单击 "Add data source" 按钮添加数据源, 如图 6-8 所示。

数据源选择 Prometheus, 如图 6-9 所示。

单击 "Save&Test" 按钮测试数据源的连通性, 如图 6-10 所示。

单击 "Dashboards" 选项卡, 并单击 "Prometheus 2.0 Stats" 后面的 "Re-import" 按钮, 如图 6-11 所示。

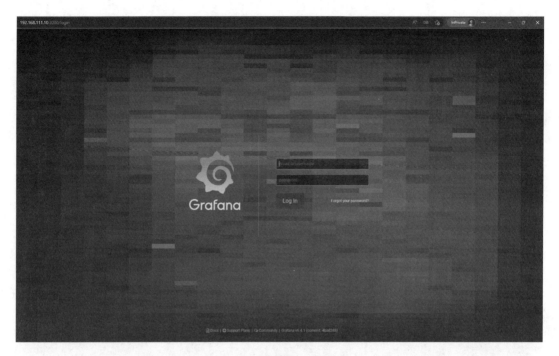

图 6-5　Grafana 界面

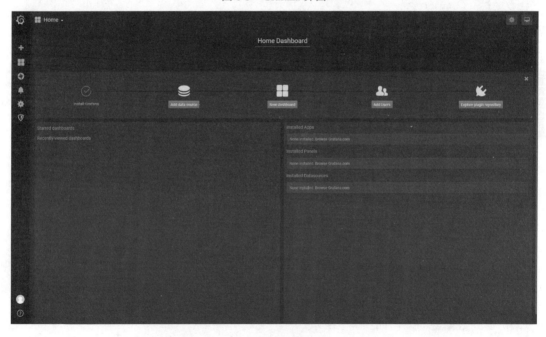

图 6-6　登录（admin/admin）Grafana

单元 6　麒麟服务器操作系统容器云管理

图 6-7　数据源界面

图 6-8　添加数据源

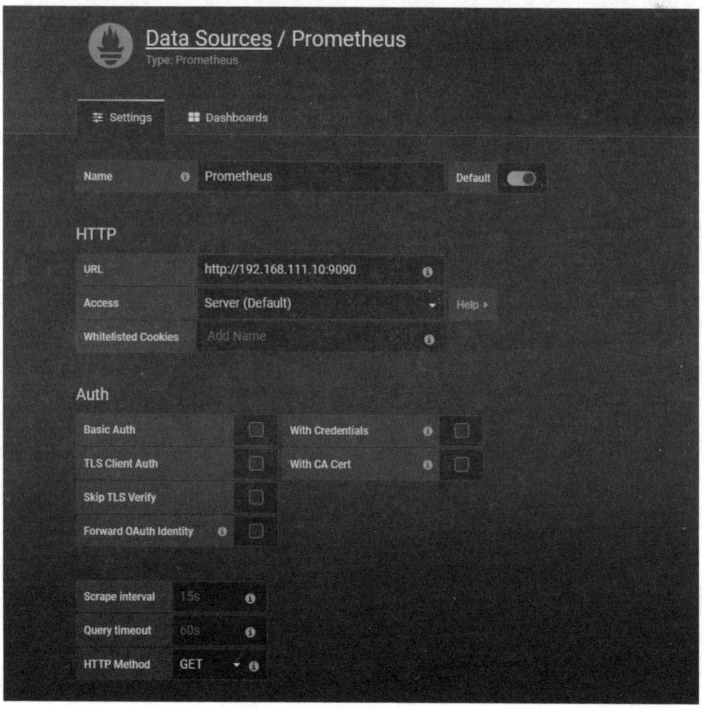

图 6-9　数据源选择 Prometheus

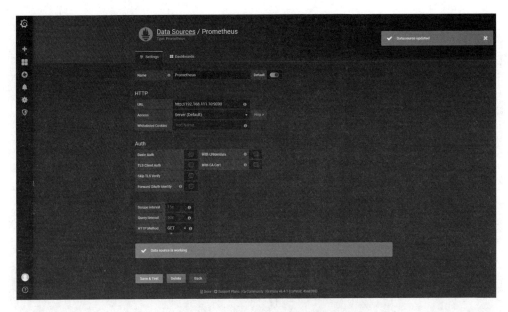

图 6-10　测试数据源的连通性

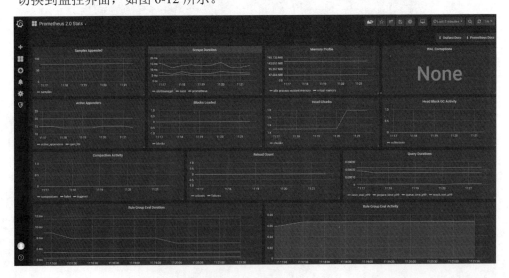

图 6-11　单击"Prometheus 2.0 Stats"后面的"Re-import"按钮

切换到监控界面，如图 6-12 所示。

图 6-12　监控界面

单元小结

本单元主要介绍了 Docker 虚拟化技术的概念、特点、使用方法及相关工具。首先介绍了 Docker 的背景和优势，它可以将应用程序和依赖项封装到一个可移植的容器中，从而实现快速部署、移植和管理应用程序的目的。然后介绍了 Docker 的核心概念，即镜像、容器和仓库，分别讲解了它们的定义、作用、使用方法和操作命令。其中，镜像是 Docker 应用程序的构建块，容器是运行镜像的实例，仓库是存储和分享镜像的地方。最后介绍了 Dockerfile 服务，它是一种自动构建 Docker 镜像的脚本，通过编写 Dockerfile 文件，可以定义容器的配置和应用程序的部署过程，从而简化 Docker 的部署和管理。通过对本单元的学习，读者可以了解 Docker 虚拟化技术的原理和使用方法，掌握 Docker 相关工具的操作技巧，为实际工作中的应用部署和管理提供基础知识和技能支持。

课后练习

1. Docker 是什么？
2. Docker 与虚拟机的区别是什么？
3. Docker Compose 有什么作用？

实训练习

1. 编写 Dockerfile 文件和构建新镜像。在 monitoring_image 目录下编写一个名为 Dockerfile 的文件，并定义构建镜像所需的配置和步骤。使用 Dockerfile 文件构建新的 Docker 镜像，并包含监控系统和相关配置。

2. 编排并部署监控系统。使用所创建的镜像，在适当的环境中部署监控系统。根据需要选择合适的容器编排技术（如 Docker Compose 或 Kubernetes），确保监控系统在不同节点上运行并可靠工作。

单元 7

自动化运维技术

单元描述

本单元系统地介绍了自动化运维领域中的两个核心技术,即 Shell 技术和 Ansible 技术,并选取 4 个典型的案例和场景进行详细讲解和实践演示。通过对本单元的学习,读者能够掌握麒麟服务器操作系统中自动化运维的基本技能和运维开发的方法,同时了解如何应用 Shell 技术和 Ansible 技术来提高运维效率和自动化程度。本单元涉及的案例贴近实际应用场景,可以帮助读者快速掌握自动化运维技术的应用和实践方法。

1. 知识目标

①掌握 Shell 脚本基础语法;
②掌握文本处理工具;
③掌握 Ansible 工具的安装。

2. 能力目标

①能够编写 Shell 脚本;
②能够完成 Ansible 工具的安装;
③能够完成 Ansible PlayBook 的编写;
④能够基于麒麟服务器操作系统使用 Ansible 工具部署服务。

3. 素养目标

①培养以科学思维审视专业问题的能力;
②培养实际动手操作与团队合作的能力。

任务分解

本单元旨在让读者掌握 Shell 脚本的编写以及 Ansible 自动化运维工具的安装与使用,最后通过编写 PlayBook 剧本完成服务的部署。为了方便读者学习,本单元设置了 4 个任务,任务分解如表 7-1 所示。

表 7-1　任务分解

任 务 名 称	任 务 目 标	学 时 安 排
任务 1 Shell 脚本基础语法	能掌握 Shell 脚本基础语法	3
任务 2 编写 Shell 脚本部署 2048 小游戏	能使用 Shell 脚本部署小游戏	3
任务 3 Ansible 的安装与配置	能安装 Ansible 环境并进行部署	3
任务 4 使用 Ansible 部署 DNS 集群	能使用 Ansible 完成服务的部署	3
总计		12

知识准备

1. Shell 脚本入门

Shell 脚本是一种编程语言，它通过命令行解释器（也称为"Shell"）执行一系列操作和命令。Shell 脚本是在 UNIX 和类 UNIX 操作系统中广泛使用的一种编程语言，用于自动化和简化一系列系统管理任务，包括文件操作、程序启动、进程管理等。

Shell 脚本的理论包括以下几个方面。

①基础语法：Shell 脚本的基础语法包括变量、函数、流程控制语句（if、for、while、case 等）、命令替换、重定向等。熟悉这些语法可以帮助用户编写出更加高效、可维护的 Shell 脚本。

②系统环境变量：Shell 脚本可以通过系统环境变量获取系统的一些信息，如当前用户名、当前路径、系统版本等。这些信息可以帮助 Shell 脚本更好地适应当前系统环境。

③常用命令：Shell 脚本可以调用各种系统命令来完成特定的任务。一些常用的命令包括 ls、grep、sed、awk、cut、find、sort、uniq、head、tail 等。熟悉这些命令可以帮助用户更好地理解和编写 Shell 脚本。

④调试技巧：当 Shell 脚本出现问题时，需要通过调试技巧来找出问题所在。常用的调试技巧包括添加调试输出语句、使用 set 命令开启调试模式、使用 shellcheck 等工具检查脚本语法等。

⑤最佳实践：编写高质量的 Shell 脚本需要遵循一些最佳实践，比如保持脚本简洁、注释清晰、代码可读性强、处理异常情况等。遵循这些最佳实践可以帮助用户编写出更加高效、可靠的 Shell 脚本。

总的来说，Shell 脚本的理论包括基础语法、系统环境变量、常用命令、调试技巧和最佳实践，熟练掌握这些知识可以帮助用户更好地理解和编写 Shell 脚本。

2. Ansible 自动化运维工具

（1）Ansible 简介

Ansible 基于 Python 开发，集合了众多运维工具（Puppet、Chef、Func、Fabric）的优点，实现了批量系统配置、批量程序部署、批量运行命令等功能。

Ansible 是基于 Python 中的 Paramiko 模块开发的，并且基于模块化工作，本身没有批量部署的能力。Ansible 只是提供一种框架,真正具有批量部署能力的是 Ansible 所运行的模块。Ansible 不需要在远程主机上安装 Client/Agents,因为 Ansible 是基于 SSH 和远程主机通信的。Ansible 目前已经被 Red Hat 官方收购,是自动化运维中用户认可度较高,并且上手容易,学习简单的工具。Ansible 现已成为每位运维人员必须掌握的工具之一。

(2)Ansible 的发展史

Ansible 的第 1 个版本是 0.0.1,发布于 2012 年 3 月 9 日,其作者兼创始人是 Michael DeHaan。Michael DeHaan 曾经供职于 Puppet Labs 和 Red Hat,在配置管理和架构设计方面有丰富的经验。Michael DeHaan 在 Red Hat 任职期间主要开发了 Cobble,经历了各种系统简化、自动化基础架构操作的失败和痛苦,在尝试使用 Puppet、Chef、Cfengine、Capistrano、Fabric、Function、Plain SSH 等各种工具后,决定自己打造一款能结合众多工具优点的自动化运维工具,Ansible 由此诞生。

其第 1 个版本号被非常谨慎地定义为 0.01。到目前为止,Ansible 共发布一百多个版本。值得一提的是,作为自动化运维工具的新秀,Ansible 已被 Red Hat 官方收购,在 GitHub 上被关注的势头也极为迅猛,Star 和 Fork 是 SaltStack 的两倍多,其未来发展潜力更是不可估量。

(3)Ansible 的工作机制

Ansible 没有客户端,其底层通信依赖于系统软件,在 Linux 操作系统下基于 OpenSSH 通信,在 Windows 系统下基于 PowerShell 通信,管理端必须是 Linux 操作系统,使用者认证通过后,在管理节点上通过 Ansible 工具调用各应用模块,将指令推送至管理端执行,在执行完毕后自动删除产生的临时文件。Ansible 具体的工作机制,其官方有专栏介绍,读者可自行查阅。根据 Ansible 使用过程中的不同角色,可以将其分为使用者、Ansible 工具集和作用对象。

① 使用者。

Ansible 的使用者来源于多种维度,具体有 4 种方式,其工作机制如图 7-1 所示。

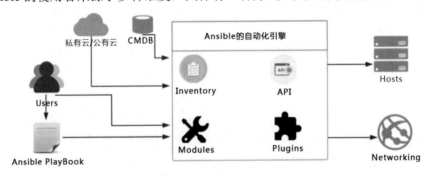

图 7-1　Ansible 的工作机制

- CMDB 方式。CMDB 用于存储和管理企业的 IT 架构中的各项配置信息,是构建 ITIL 项目的核心工具。运维人员可以配合使用 CMDB 和 Ansible,通过 CMDB 直接下发指令调用 Ansible 工具集完成指定的目标。

- 私有云/公有云方式。Ansible 除了具备丰富的内置模块，还提供了丰富的 API 语言接口，如 PHP、Python、Perl 等。基于公有云/私有云，Ansible 以 API 调用的方式运行。
- Users（用户）方式。直接使用 Ad-Hoc 临时命令集调用 Ansible 工具集来完成任务执行。
- Ansible PlayBook 方式。用户通过预先编写好的 Ansible PlayBook，在系统中执行该 Ansible PlayBook，系统将会按照顺序完成对应的任务。

② Ansible 工具集。

Ansible 命令是 Ansible 的核心工具，Ansible 命令并非自身完成所有的功能集，它只是 Ansible 执行任务的调用接口，可以理解为"总指挥"，所有命令的执行通过其"调兵遣将"最终完成。Ansible 命令有哪些"兵将"供调遣呢？答案是如图 7-1 中间框中所示的 Inventory（命令执行目标的主机配置文件）、API（供第三方程序调用的应用程序编程接口）、Modules（丰富的内置模块）、Plugins（内置和可自定义的插件）。

③ 作用对象。

Ansible 的作用对象，不仅包括 Linux 和非 Linux 操作系统的主机（Hosts），也包括各类公有云/私有云、商业和非商业设备的网络设施（Networking）。

同样地，按 Ansible 工具集的组成来讲，由图 7-1 可以看出，Ansible 主要由 6 部分组成。

- Ansible PlayBook：任务剧本（任务集），编排定义 Ansible 任务集的配置文件，由 Ansible 按照顺序依次执行，通常是 JSON 格式的 YAML 文件；
- Inventory：Ansible 管理主机的清单；
- Modules：Ansible 执行命令的功能模块，多数为内置的核心模块，也可以自定义；
- Plugins：对模块功能的补充，如连接类型插件、循环插件、变量插件、过滤插件等，该部分不常用。
- API：供第三方程序调用的应用程序编程接口；
- Ansible：该部分在图 7-1 中表示得不明显，组合 Inventory、API、Modules、Plugins 的框可以理解为 Ansible，其为核心执行工具。

Ansible 在执行任务时，这些组件之间的调用关系如图 7-2 所示。

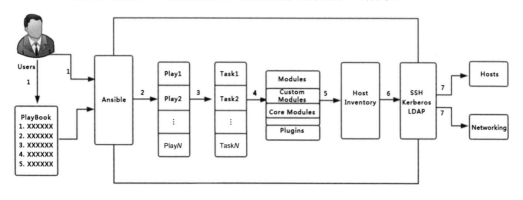

图 7-2 Ansible 各组件之间的调用关系

使用者在使用 Ansible 或 Ansible PlayBook（会额外读取 PlayBook 文件）时，在服务器终端输入 Ansible 的 Ad-Hoc 命令集或 PlayBook 后，Ansible 会首先遵循预先编排好的规则将 PlayBooks 逐条拆解为 Play，再将 Play 组织成可识别的任务（Task），随后调用任务涉及的所有模块（Modules）和插件（Plugins），根据 Inventory 中定义的主机列表通过 SSH（Linux 操作系统默认）将任务集以临时文件或命令的形式传输到远程客户端，执行并返回执行结果。如果是临时文件，则执行完成后自动删除。

任务 1 Shell 脚本基础语法

1．任务描述

本任务旨在介绍 Shell 脚本的基础语法，包括变量、流程控制语句等。这些语法在日常工作中非常实用，可以帮助读者提高工作效率和管理效率。

2．任务分析

（1）节点规划

使用麒麟服务器操作系统进行节点规划，如表 7-2 所示。

表 7-2 节点规划

IP 地址	主 机 名	节　　点
192.168.111.10	shell	Shell 服务器

（2）基础准备

使用 VMware Workstation 最小化安装一台虚拟机，配置使用 1vCPU/2GB 内存/40GB 硬盘，镜像使用 Kylin-Server-10-SP2-Release-Build09-20210524-x86_64.iso，网络使用 NAT 模式，并将 NAT 模式的网段配置成 192.168.111.0/24。虚拟机安装完成之后，配置虚拟机的 IP 地址（用户可自行配置 IP 地址，此处配置的 IP 地址为 192.168.111.10），并使用远程连接工具进行连接。

3．任务实施

（1）创建一个新文件

在文件的第 1 行添加以下内容，指定要使用的 Shell 解释器：

```
#!/bin/bash
```

上述语句告诉系统使用 bash 解释器来执行脚本。用户也可以使用其他 Shell 解释器，如 zsh 或 ksh。

（2）编写 Shell 脚本

编写脚本的主体部分，这部分通常包含一系列要执行的命令。以下是一个简单的例子：

```
[root@shell ~]# vi myscript.sh
```

```
#!/bin/bash
echo "Hello, world!"
```

上述脚本只包含一行代码，它输出了一条简单的消息。可以在终端中运行该脚本来查看结果。

（3）添加可执行权限

保存脚本文件并设置其可执行权限。在终端中使用 chmod 命令来为脚本文件添加可执行权限，命令如下：

```
[root@shell ~]# chmod +x myscript.sh
```

上述命令为 myscript.sh 脚本文件添加可执行权限。

（4）运行脚本文件

```
[root@shell ~]# ./myscript.sh
Hello, world!
```

上述命令用于运行 myscript.sh 脚本文件。如果一切正常，则会在终端中看到输出结果。

（5）变量

在 Shell 中，可以使用变量来存储数据。变量的名字必须以字母或下画线开头，后面可以跟字母、数字或下画线。在定义变量时不需要指定数据类型，Shell 会根据变量的值来自动判断数据类型。定义变量的语法为：变量名=值。

例如：

```
name="John"
age=20
echo "My name is $name and I am $age years old."
```

上述代码定义了两个变量 name 和 age，并输出了一个文本字符串，其中使用了变量。运行结果为"My name is John and I am 20 years old."。

（6）字符串

Shell 中的字符串是由一系列字符组成的。用户可以使用单引号或双引号来定义一个字符串。双引号可以解析字符串中的变量，而单引号不会解析变量，会将变量名作为字符串输出。

例如：

```
name="John"
echo "Hello, $name!"
```

上述代码使用双引号定义了一个字符串，并在字符串中使用了变量 name。运行结果为"Hello, John!"。

（7）数组

Shell 中的数组是一个可以存储多个值的容器，用户可以通过索引访问数组中的元素。数组的定义方式有多种，其中最常见的是使用小括号来定义一个列表，比如，arr=(1 2 3 4 5)。

例如：

```
arr=(1 2 3 4 5)
echo "The third element of the array is ${arr[2]}."
```

上述代码定义了一个名为 arr 的数组，并输出了数组中的第 3 个元素。${arr[2]}表示数组 arr 中的第 3 个元素，由于数组索引从 0 开始，因此第 3 个元素的索引是 2。运行结果为"The third element of the array is 3."。

（8）条件语句

在 Shell 中，可以使用条件语句来根据条件执行不同的操作。常见的条件语句有 if 语句和 case 语句。

if 语句的基本语法格式为：

```
if [ 条件 ]
then
    // 满足条件时执行的代码
else
    // 不满足条件时执行的代码
Fi
```

例如：

```
age=20
if [ $age -ge 18 ]
then
    echo "You are an adult."
else
    echo "You are not an adult."
Fi
```

上述代码使用 if 语句根据年龄判断用户是否已经成年。$age 表示变量 age 的值，-ge 表示大于或等于，18 表示要比较的值。如果 age 大于或等于 18，则输出"You are an adult."；否则输出"You are not an adult."。

case 语句用于一个变量与多个模式的比较。case 语句的基本语法格式为：

```
case 变量 in
模式 1)
    // 变量匹配模式 1 时执行的代码
    ;;
模式 2)
    // 变量匹配模式 2 时执行的代码
    ;;
*)
    // 变量与所有模式都不匹配时执行的代码
    ;;
Esac
```

例如：

```
color="red"
case $color in
"red")
    echo "The color is red."
    ;;
"green")
```

```
    echo "The color is green."
    ;;
*)
    echo "The color is not red or green."
    ;;
Esac
```

上述代码使用 case 语句根据变量 color 的值来判断颜色，如果 color 的值为"red"，则输出"The color is red."；如果 color 的值为"green"，则输出"The color is green."；如果 color 的值不是"red"或"green"，则输出"The color is not red or green."。

（9）循环语句

在 Shell 中，可以使用循环语句来重复执行一段代码。常见的循环语句有 for 循环和 while 循环。

for 循环的基本语法格式为：

```
for 变量 in 列表
do
    // 要执行的代码
done
```

例如：

```
for i in 1 2 3 4 5
do
    echo $i
done
```

上述代码使用 for 循环输出数字 1~5。$i 表示循环变量，循环变量在每次循环时取列表中的一个值。运行结果为：

```
1
2
3
4
5
```

while 循环的基本语法格式为：

```
while [ 条件 ]
do
    // 要执行的代码
Done
```

例如：

```
i=1
while [ $i -le 5 ]
do
    echo $i
    i=$((i+1))
done
```

上述代码使用 while 循环输出数字 1~5。$i 表示循环变量，-le 表示小于或等于，5 表示要比较的值。当 i 小于或等于 5 时，输出 i 的值，然后将 i 的值加 1。运行结果与 for 循环的运行结果相同。

（10）编辑文件

编辑一个名为 status.sh 的文件：

```
[root@shell ~]# vi status.sh
```

status.sh 文件的内容如下：

```bash
#!/bin/bash

# 获取当前时间
now=$(date +"%T")

# 显示当前时间
echo "当前时间: $now"

# 显示 CPU 利用率
cpu_usage=$(top -b -n 1 | grep "Cpu(s)" | awk '{print $2}')
echo "CPU 利用率: $cpu_usage%"

# 显示内存利用率
mem_total=$(free -m | awk 'NR==2{printf "%.2fG\n", $2/1024}')
mem_used=$(free -m | awk 'NR==2{printf "%.2fG\n", $3/1024}')
mem_free=$(free -m | awk 'NR==2{printf "%.2fG\n", $4/1024}')
mem_buffers=$(free -m | awk 'NR==2{printf "%.2fG\n", $6/1024}')
mem_cached=$(free -m | awk 'NR==2{printf "%.2fG\n", $7/1024}')
mem_usage=$(free -m | awk 'NR==2{printf "%.2f%%\n", $3/($2-$4-$6-$7)*100}')
echo "内存利用率:$mem_usage,总共:$mem_total,已使用:$mem_used,可用:$mem_free,缓存:$mem_buffers,缓存文件:$mem_cached"

# 显示磁盘使用情况
disk_total=$(df -h --total | awk 'END{printf "%.2fG\n", $2/1024}')
disk_used=$(df -h --total | awk 'END{printf "%.2fG\n", $3/1024}')
disk_avail=$(df -h --total | awk 'END{printf "%.2fG\n", $4/1024}')
disk_usage=$(df -h --total | awk 'END{print $5}')
echo "磁盘使用情况: 总共: $disk_total, 已使用: $disk_used, 可用: $disk_avail, 使用率: $disk_usage"

# 显示网络连接状态
tcp_established=$(netstat -an | grep ESTABLISHED | wc -l)
tcp_syn_sent=$(netstat -an | grep SYN_SENT | wc -l)
tcp_syn_recv=$(netstat -an | grep SYN_RECV | wc -l)
tcp_fin_wait1=$(netstat -an | grep FIN_WAIT1 | wc -l)
tcp_fin_wait2=$(netstat -an | grep FIN_WAIT2 | wc -l)
```

```
tcp_time_wait=$(netstat -an | grep TIME_WAIT | wc -l)
tcp_close_wait=$(netstat -an | grep CLOSE_WAIT | wc -l)
tcp_last_ack=$(netstat -an | grep LAST_ACK | wc -l)
tcp_closing=$(netstat -an | grep CLOSING | wc -l)
echo "网络连接状态：已建立：$tcp_established, 等待 SYN 的确认：$tcp_syn_sent, 收
到 SYN 的确认：$tcp_syn_recv, 等待远程 TCP 关闭连接：$tcp_fin_wait1, 等待本地 TCP 关
闭连接：$tcp_fin_wait2, 等待关闭的 TCP 连接：$tcp_time_wait, 等待关闭的 TCP 连接：
$tcp_close_wait, 等待关闭的 TCP 连接（Last ACK）：$tcp_last_ack, 正在关闭的 TCP 连接
（Closing）：$tcp_closing"
```

赋予文件可执行权限：

```
[root@shell ~]# chmod +x status.sh
```

测试结果：

```
[root@shell ~]# ./status.sh
当前时间：04:28:47
CPU 利用率：0.0%
内存利用率：-5.11%, 总共：6.51G, 已使用：0.29G, 可用：5.87G, 缓存：0.35G, 缓存文件：5.86G
磁盘使用情况：总共：0.06G, 已使用：0.01G, 可用：0.05G, 使用率：14%
网络连接状态：已建立：1, 等待 SYN 的确认：0, 收到 SYN 的确认：0, 等待远程 TCP 关闭连
接：0, 等待本地 TCP 关闭连接：0, 等待关闭的 TCP 连接：0, 等待关闭的 TCP 连接：0, 等待关闭
的 TCP 连接（Last ACK）：0, 正在关闭的 TCP 连接（Closing）：0
```

任务 2　编写 Shell 脚本部署 2048 小游戏

1．任务描述

本任务的主要目的是通过介绍编写 Shell 脚本自动化安装 Apache 和部署 2048 小游戏的过程，让读者掌握 Shell 脚本的基础语法和常用命令，并了解 Apache 的基础知识。本任务的实践内容包括环境检查、软件下载、文件解压缩、文件移动、服务配置等。通过对本任务的学习，读者可以熟悉如何编写 Shell 脚本自动化安装 Apache 和部署 2048 小游戏，以提高工作效率。同时，本任务还能够帮助读者进一步了解 Apache 和 2048 小游戏的相关知识，为后续的学习和应用打下基础。本任务的学习过程注重实践和操作，使读者能够深入了解 Shell 脚本自动化部署的流程和方法。

2．任务分析

（1）节点规划

使用麒麟服务器操作系统进行节点规划，如表 7-3 所示。

表 7-3　节点规划

IP 地址	主 机 名	节　　点
192.168.111.10	shell	Shell 服务器

（2）基础准备

使用 VMware Workstation 最小化安装一台虚拟机，配置使用 1vCPU/2GB 内存/40GB 硬盘，镜像使用 Kylin-Server-10-SP2-Release-Build09-20210524-x86_64.iso，网络使用 NAT 模式，并将 NAT 模式的网段配置成 192.168.111.0/24。虚拟机安装完成之后，配置虚拟机的 IP 地址（用户可自行配置 IP 地址，此处配置的 IP 地址为 192.168.111.10），并使用远程连接工具进行连接。

3．任务实施

（1）环境准备

使用远程传输工具将软件包中提供的 2048game.tar.gz 上传至 Shell 服务器节点的/root 目录下，并将其解压缩：

```
[root@shell ~]# ls -la
总用量 356
dr-xr-x---   4 root root    216 2月 22 17:42 .
dr-xr-xr-x. 20 root root    280 2月 14 02:25 ..
-rw-r--r--   1 root root 330215 2月 22 17:14 2048game.tar.gz

[root@shell ~]# tar zxf 2048game.tar.gz
[root@localhost ~]# ls -l
总用量 332
drwxr-xr-x 2 root root     44 2月 22 17:14 2048game
-rw-r--r-- 1 root root 330215 2月 22 17:14 2048game.tar.gz
-rw------- 1 root root   2550 2月 14 02:18 anaconda-ks.cfg
-rw-r--r-- 1 root root   2850 2月 14 02:25 initial-setup-ks.cfg
```

进入文件夹更改权限：

```
[root@localhost ~]# cd 2048game/
[root@localhost 2048game]# chmod +x 2048.sh
```

（2）运行脚本

```
[root@localhost 2048game]# ./2048.sh
请选择要执行的操作：
1．重启 Apache
2．停止 Apache
3．启动 Apache
4．备份数据
5．安装 Apache 并部署 2048 小游戏
6．退出
请输入数字进行选择： // 输入 5
正在安装 Apache...
上次元数据过期检查: 0:06:30 前，执行于 2023 年 02 月 22 日 星期三 17 时 51 分 30 秒。
软件包 httpd-2.4.43-4.p03.ky10.x86_64 已安装。
依赖关系解决。
无须任何处理。
```

```
完毕!
Apache 安装成功!
正在部署 2048 小游戏...
Archive:  2048-master.zip
fc1ef4fe5a5fcccea7590f3e4c187c75980b353f
   creating: 2048-master/
 extracting: 2048-master/.gitignore
  inflating: 2048-master/.jshintrc
  inflating: 2048-master/CONTRIBUTING.md
  inflating: 2048-master/LICENSE.txt
  inflating: 2048-master/README.md
  inflating: 2048-master/Rakefile
  inflating: 2048-master/favicon.ico
  inflating: 2048-master/index.html
   creating: 2048-master/js/
  inflating: 2048-master/js/animframe_polyfill.js
  inflating: 2048-master/js/application.js
  inflating: 2048-master/js/bind_polyfill.js
  inflating: 2048-master/js/classlist_polyfill.js
  inflating: 2048-master/js/game_manager.js
  inflating: 2048-master/js/grid.js
  inflating: 2048-master/js/html_actuator.js
  inflating: 2048-master/js/keyboard_input_manager.js
  inflating: 2048-master/js/local_storage_manager.js
  inflating: 2048-master/js/tile.js
   creating: 2048-master/meta/
  inflating: 2048-master/meta/apple-touch-icon.png
  inflating: 2048-master/meta/apple-touch-startup-image-640x1096.png
  inflating: 2048-master/meta/apple-touch-startup-image-640x920.png
   creating: 2048-master/style/
   creating: 2048-master/style/fonts/
  inflating: 2048-master/style/fonts/ClearSans-Bold-webfont.eot
  inflating: 2048-master/style/fonts/ClearSans-Bold-webfont.svg
  inflating: 2048-master/style/fonts/ClearSans-Bold-webfont.woff
  inflating: 2048-master/style/fonts/ClearSans-Light-webfont.eot
  inflating: 2048-master/style/fonts/ClearSans-Light-webfont.svg
  inflating: 2048-master/style/fonts/ClearSans-Light-webfont.woff
  inflating: 2048-master/style/fonts/ClearSans-Regular-webfont.eot
  inflating: 2048-master/style/fonts/ClearSans-Regular-webfont.svg
  inflating: 2048-master/style/fonts/ClearSans-Regular-webfont.woff
  inflating: 2048-master/style/fonts/clear-sans.css
  inflating: 2048-master/style/helpers.scss
  inflating: 2048-master/style/main.css
  inflating: 2048-master/style/main.scss
2048 小游戏部署成功!
正在关闭防火墙...
```

```
Removed /etc/systemd/system/multi-user.target.wants/firewalld.service.
Removed /etc/systemd/system/dbus-org.fedoraproject.FirewallD1.service.
防火墙已关闭!
请选择要执行的操作:
1. 重启 Apache
2. 停止 Apache
3. 启动 Apache
4. 备份数据
5. 安装 Apache 并部署 2048 小游戏
6. 退出
请输入数字进行选择:
```

等待脚本运行完成,即可访问网站。

(3)访问网站

在浏览器中访问 192.168.111.10,访问结果如图 7-3 所示。

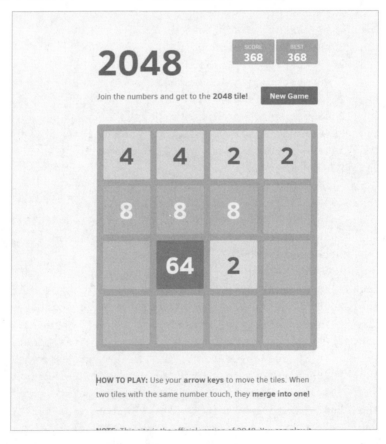

图 7-3 访问结果

(4)代码解读

定义一个函数 install_apache(),用于安装 Apache,在安装过程中首先使用 yum 命令安装 httpd 软件包,然后启动 Apache 服务并设置开机自启,最后输出安装成功的提示信息:

```bash
# 安装 Apache
function install_apache() {
    echo -e "\033[32m正在安装 Apache...\033[0m"
    sudo yum install -y httpd
    sudo systemctl start httpd
    sudo systemctl enable httpd
    echo -e "\033[32mApache 安装成功！\033[0m"
}
```

定义一个函数 deploy_2048()，用于部署 2048 小游戏，首先删除之前的 2048-master 目录，然后使用 unzip 命令解压缩 2048-master.zip 压缩包，并将解压缩后的文件拷贝到 Apache 根目录（/var/www/html/）下，最后输出部署成功的提示信息：

```bash
# 部署 2048 小游戏
function deploy_2048() {
    echo -e "\033[32m正在部署 2048 小游戏...\033[0m"
    # 下载并解压缩 2048 小游戏压缩包
    rm -rf 2048-master/
    unzip 2048-master.zip
    # 将 2048 小游戏文件拷贝到 Apache 根目录下
    sudo cp -r 2048-master/* /var/www/html/
    echo -e "\033[32m2048 小游戏部署成功！\033[0m"
}
```

定义一个函数 backup_data()，用于备份 /var/www/html/ 目录下的数据，首先使用 tar 命令打包并压缩该目录，然后将备份文件保存在当前目录下，备份文件名格式为 2048_backup_年月日_时分秒.tar.gz，最后输出备份成功的提示信息：

```bash
# 备份数据
function backup_data() {
    echo -e "\033[32m正在备份数据...\033[0m"
    backup_file="2048_backup_$(date +%Y%m%d_%H%M%S).tar.gz"
    sudo tar -czvf $backup_file /var/www/html/
    echo -e "\033[32m数据备份成功，备份文件名为 $backup_file\033[0m"
}
```

定义一个函数 disable_firewall()，用于关闭防火墙，首先使用 systemctl 命令停止 firewalld 服务，然后设置开机不自动启动，最后输出关闭成功的提示信息：

```bash
# 关闭防火墙
function disable_firewall() {
    echo -e "\033[32m正在关闭防火墙...\033[0m"
    sudo systemctl stop firewalld
    sudo systemctl disable firewalld
    echo -e "\033[32m防火墙已关闭！\033[0m"
}
```

manage() 是本脚本的核心函数，用于提供用户可交互的管理功能。当用户输入相应数字来选择操作时，case 语句会根据用户的输入调用相应的功能函数。

具体来说，manage()函数会输出一系列管理操作的菜单，等待用户输入。用户输入数字后，程序会根据数字调用对应的功能函数。如果用户输入的数字不合法，则会输出提示信息并再次输出菜单。

manage()函数的每个选项都对应一个操作，具体说明如下。

- 重启 Apache：调用 sudo systemctl restart httpd 来重启 Apache。
- 停止 Apache：调用 sudo systemctl stop httpd 来停止 Apache。
- 启动 Apache：调用 sudo systemctl start httpd 来启动 Apache。
- 备份数据：调用 backup_data()函数来备份数据。
- 安装 Apache 并部署 2048 小游戏：依次调用 install_apache()、deploy_2048()、disable_firewall()函数来安装 Apache、部署 2048 小游戏、关闭防火墙。
- 退出：输出提示信息并退出程序。

代码如下：

```
# 管理功能
function manage() {
    echo "请选择要执行的操作："
    echo "1. 重启 Apache"
    echo "2. 停止 Apache"
    echo "3. 启动 Apache"
    echo "4. 备份数据"
    echo "5. 安装 Apache 并部署 2048 小游戏"
    echo "6. 退出"
    read -p "请输入数字进行选择：" choice
    case $choice in
        1)
            sudo systemctl restart httpd
            echo -e "\033[32mApache 已重启！\033[0m"
            manage
            ;;
        2)
            sudo systemctl stop httpd
            echo -e "\033[32mApache 已停止！\033[0m"
            manage
            ;;
        3)
            sudo systemctl start httpd
            echo -e "\033[32mApache 已启动！\033[0m"
            manage
            ;;
        4)
            backup_data
            manage
            ;;
```

```
        5)
            install_apache
            deploy_2048
            disable_firewall
            manage
            ;;
        6)
            echo -e "\033[32m程序已退出！\033[0m"
            ;;
        *)
            echo -e "\033[32m输入无效！\033[0m"
            manage
            ;;
    esac
}

# 进入管理功能
manage
```

任务 3　Ansible 的安装与配置

1．任务描述

本任务介绍 Ansible 作为一个开源配置管理工具的基本原理和应用场景，其可以用于自动化任务和部署应用程序。通过 SSH 连接客户端执行任务的方式，使 Ansible 的服务架构相对简单。本任务将介绍 Ansible 的安装与配置，帮助读者快速掌握如何使用 Ansible 自动化服务器管理，进行日常任务自动化、系统更新和软件包安装等操作。

2．任务分析

（1）节点规划

使用麒麟服务器操作系统进行节点规划，如表 7-4 所示。

表 7-4　节点规划

IP 地址	主　机　名	节　　点
192.168.111.10	ansible	Ansible 服务器端
192.168.111.11	node1	Ansible 客户端

（2）基础准备

使用 VMware Workstation 最小化安装一台虚拟机，配置使用 1vCPU/2GB 内存/40GB 硬盘，镜像使用 Kylin-Server-10-SP2-Release-Build09-20210524-x86_64.iso，网络使用 NAT 模式，并将 NAT 模式的网段配置成 192.168.111.0/24。虚拟机安装完成之后，配置虚拟机的 IP

地址（用户可自行配置 IP 地址，此处配置的 IP 地址为 192.168.111.10 和 192.168.111.11），并使用远程连接工具进行连接。

3. 任务实施

（1）设置主机名

使用远程连接工具连接至 192.168.111.10，修改主机名为 ansible，命令如下：

```
[root@kylin ~]# hostnamectl set-hostname ansible
```

断开后重新连接虚拟机，查看主机名，命令如下：

```
[root@ansible ~]# hostname
ansible
```

（2）配置 yum 源

使用远程传输工具将 ansiblerepo.tar.gz 压缩包上传至 /root 目录下并解压缩，命令如下：

```
[root@ansible ~]# tar zxf ansiblerepo.tar.gz
```

配置本地 yum 源，首先将 /etc/yum.repos.d/ 目录下的文件删除，然后创建 ansible.repo 文件，命令如下：

```
[root@ansible ~]# rm -rf /etc/yum.repos.d/*
[root@ansible ~]# vi /etc/yum.repos.d/ansible.repo
```

ansible.repo 文件的内容如下：

```
[ansible]
name=ansible
baseurl=file:///root/ansible-repo
gpgcheck=0
enabled=1
```

至此，yum 源配置完成。

（3）安装 Ansible 服务

使用如下命令安装 Ansible 服务：

```
[root@ansible ~]# yum install ansible -y
```

（4）配置无密钥登录

使用远程连接工具连接创建的两台虚拟机，配置 Ansible 服务器端节点能够无密钥访问 Ansible 客户端，首先在 Ansible 服务器端节点上创建密钥，命令如下：

```
[root@ansible ~]# ssh-keygen -t rsa
Generating public/private rsa key pair.
Enter file in which to save the key (/root/.ssh/id_rsa):     // 按"Enter"键
Enter passphrase (empty for no passphrase):                  // 按"Enter"键
Enter same passphrase again:                                 // 按"Enter"键
Your identification has been saved in /root/.ssh/id_rsa.
Your public key has been saved in /root/.ssh/id_rsa.pub.
The key fingerprint is:
SHA256:8eaLfDrMlKXDP88UvPg7Pg+gDj2la5tOoQM0t3sLIyo root@ansible
```

```
The key's randomart image is:
+---[RSA 2048]----+
|                 |
|                 |
|   o .  .        |
|  . o .o..       |
|   ...S+= o      |
|   . +*B o o     |
|   . B+Boo +     |
|E . . X=*+=o.    |
| .. o@=.+*=.     |
+----[SHA256]-----+
```

然后将公钥拷贝至 Ansible 客户端,命令如下:

```
[root@ansible ~]# ssh-copy-id -i ~/.ssh/id_rsa.pub root@192.168.111.11
/usr/bin/ssh-copy-id: INFO: Source of key(s) to be installed: "/root/.ssh/id_rsa.pub"
The authenticity of host '192.168.111.11 (192.168.111.11)' can't be established.
ECDSA key fingerprint is SHA256:YP6W6MzpLydrICUOA22nl8iupECNFeTlVCzV1NTs58M.
// 在下方输入 yes
Are you sure you want to continue connecting (yes/no/[fingerprint])? Yes
/usr/bin/ssh-copy-id: INFO: attempting to log in with the new key(s), to filter out any that are already installed
/usr/bin/ssh-copy-id: INFO: 1 key(s) remain to be installed -- if you are prompted now it is to install the new keys

Authorized users only. All activities may be monitored and reported.
// 在下方输入密码
root@192.168.111.11's password:

Number of key(s) added: 1

Now try logging into the machine, with:   "ssh 'root@192.168.111.11'"
and check to make sure that only the key(s) you wanted were added.
```

测试 Ansible 服务器端节点能否成功无密钥登录 Ansible 客户端(自行配置/etc/hosts 文件),第 1 次登录需要输入 yes,命令如下:

```
[root@ansible ~]# ssh root@192.168.111.11

Authorized users only. All activities may be monitored and reported.

Authorized users only. All activities may be monitored and reported.
Web console: https://client:9090/
```

```
Last login: Tue Feb 21 21:54:52 2023 from 192.168.111.10
[root@node1 ~]#
```

测试成功。

(5) 简单的测试命令

在执行 ansible 命令之前，先配置 Ansible 主机映射清单，需要修改/etc/ansible/hosts 文件，在文件末尾添加两行参数，具体命令如下：

```
[root@ansible ~]# vi /etc/ansible/hosts
# This is the default ansible 'hosts' file.
#
# It should live in /etc/ansible/hosts
#
#   - Comments begin with the '#' character
#   - Blank lines are ignored
#   - Groups of hosts are delimited by [header] elements
#   - You can enter hostnames or ip addresses
#   - A hostname/ip can be a member of multiple groups
... ...
... ...
## db-[99:101]-node.example.com
# 在末尾添加以下两行参数
[hosts]                                    #添加 hosts 组
192.168.111.11                             #添加 hosts 组中的主机 node1
```

添加完成后，保存并退出，使用命令检查 hosts 组中的主机是否存活，命令如下：

```
[root@ansible ~]# ansible hosts -m ping
[WARNING]: Platform linux on host 192.168.111.11 is using the discovered Python interpreter at /usr/bin/python, but future installation of another Python
 interpreter could change this. See https://docs.ansible.com/ansible/2.8/reference_appendices/interpreter_discovery.html for more information.

192.168.111.11 | SUCCESS => {
    "ansible_facts": {
        "discovered_interpreter_python": "/usr/bin/python"
    },
    "changed": false,
    "ping": "pong"
}
```

其中，Ansible 客户端是指执行命令的主机，SUCCESS 表示命令执行成功，"=>"表示详细返回结果在箭头下方，""changed": false"表示没有对主机做变更，""ping":"pong""表示 ping 命令的返回结果是 pong。

(6) 通过 Ansible 远程执行 Shell 命令

可以使用 ansible 命令查看 hosts 组中主机的内存使用情况，命令如下：

```
[root@ansible ~]# ansible hosts -a 'free -h'
192.168.111.11 | CHANGED | rc=0 >>
              total        used        free      shared  buff/cache   available
Mem:          6.5Gi       246Mi       6.0Gi       9.0Mi       289Mi       5.9Gi
Swap:         4.0Gi          0B       4.0Gi
```

也可以查看 hosts 组中主机的挂载情况和硬盘数量，命令如下：

```
[root@ansible ~]# ansible hosts -a 'df -h'
192.168.111.11 | CHANGED | rc=0 >>
文件系统               容量   已用  可用 已用% 挂载点
devtmpfs              3.3G     0  3.3G   0% /dev
tmpfs                 3.3G     0  3.3G   0% /dev/shm
tmpfs                 3.3G  9.2M  3.3G   1% /run
tmpfs                 3.3G     0  3.3G   0% /sys/fs/cgroup
/dev/mapper/klas-root  35G  3.0G   32G   9% /
tmpfs                 3.3G  100K  3.3G   1% /tmp
/dev/sr0              4.1G  4.1G     0 100% /mnt
/dev/sda1            1014M  208M  807M  21% /boot
tmpfs                 667M     0  667M   0% /run/user/0
[root@ansible ~]# ansible hosts -a 'lsblk'
192.168.111.11 | CHANGED | rc=0 >>
NAME          MAJ:MIN RM SIZE RO TYPE MOUNTPOINT
sda             8:0    0  40G  0 disk
├─sda1          8:1    0   1G  0 part /boot
└─sda2          8:2    0  39G  0 part
  ├─klas-root 253:0    0  35G  0 lvm  /
  └─klas-swap 253:1    0   4G  0 lvm  [SWAP]
sr0            11:0    1   4G  0 rom  /mnt
```

若执行命令的主机没有系统中对应的命令则会报错，现象如下：

```
[root@ansible ~]# ansible hosts -a 'netstat -ntpl'
192.168.111.11 | FAILED | rc=2 >>
[Errno 2] 没有那个文件或目录: 'nginx': 'nginx'
```

以上是关于 Ansible 的基本介绍，Ansible 有许多模块，以上的例子中，没有指定模块，因为默认的模块是 command，如果想使用其他模块，则可以用 -m 模块名来指定。

注意：command 模块不支持扩展的 Shell 语法，如使用管道和重定向。当然如果需要使用特殊的 Shell 语法，则可以使用 Shell 模块来实现。例如，需要往目标主机中添加一条 DNS 解析信息，命令如下：

```
[root@ansible ~]# ansible hosts -m shell -a 'echo "nameserver 114.114.114.114" >> /etc/resolv.conf'
192.168.111.11 | CHANGED | rc=0 >>
```

可以切换到 Ansible 客户端节点，查看/etc/resolv.conf 文件，命令如下：

```
[root@node1 ~]# cat /etc/resolv.conf
nameserver 114.114.114.114
```

上述代码表示 DNS 解析信息添加成功。如果在执行 ansible 命令时，不加 Shell 参数，则该命令不会执行成功，读者可自行验证。

由于 command 模块比较安全且有可预知性，因此读者在平时使用 Ansible 时，最好用 command 模块。需要用到 Shell 特殊语法时，再使用 Shell 模块。

（7）Ansible 中的 script 模块

script 模块可以帮助运维人员在远程主机上执行 Ansible 管理主机上的脚本。也就是说，脚本一直存放于 Ansible 管理主机本地，不需要手动将其拷贝到远程主机后再执行。

script 模块的基本参数如下。

- free_form：必须参数，脚本位于 Ansible 管理主机本地，用于指定要在远程主机上执行的脚本命令或命令列表，可以将脚本的内容直接放在此参数中。
- chdir：使用此参数指定一台远程主机中的目录，在执行对应的脚本之前，会先进入 chdir 参数指定的目录中。
- creates：使用此参数指定一台远程主机中的文件，当指定的文件存在时，就不执行对应脚本。
- removes：使用此参数指定一台远程主机中的文件，当指定的文件不存在时，就不执行对应脚本。

示例：

在 Ansible 服务器端节点中创建一个脚本，调用 script 模块使脚本在目标主机上执行，命令如下：

```
[root@ansible ~]# vi test.sh
#! /bin/bash
touch 123.txt
```

使用 touch 命令创建一个 123.txt 文件，执行命令，要求在目标主机的/opt 目录下执行脚本，命令如下：

```
[root@ansible ~]# ansible hosts -m script -a 'chdir=/opt /root/test.sh'
192.168.111.11 | CHANGED => {
    "changed": true,
    "rc": 0,
    "stderr": "Shared connection to 192.168.111.11 closed.\r\n",
    "stderr_lines": [
        "Shared connection to 192.168.111.11 closed."
    ],
    "stdout": "",
    "stdout_lines": []
}
```

可以看到命令执行成功，切换到 Ansible 客户端节点，查看/opt 目录下的内容，命令如下：

```
[root@node1 ~]# ll /opt/
总用量 0
```

```
-rw-r--r-- 1 root root  0 2月 21 22:11 123.txt
drwxr-xr-x 2 root root  6 2月 16 18:59 kylin
drwxr-xr-x 4 root root 58 2月 14 02:16 patch_workspace
```

如果看到 123.txt 这个文件，则表明调用 script 模块的命令执行成功。

(8) Ansible 中的 copy 模块

copy 模块的作用是拷贝文件，将 Ansible 管理主机上的文件拷贝到远程主机中。

copy 模块的基本参数如下。

- src：用于指定需要拷贝的文件或目录。
- dest：用于指定文件将被拷贝到远程主机的哪个目录中，dest 为必须参数。
- content：当不使用 src 参数指定拷贝的文件时，可以使用 content 参数直接指定文件内容，src 与 content 两个参数必有其一，否则会报错。
- force：当远程主机的目标路径中已经存在同名文件，并且与 Ansible 主机中的文件内容不同时，可指定是否（yes 或 no 值）强制覆盖，默认值为 yes，表示覆盖；如果设置为 no，则不会执行覆盖操作，远程主机中的文件保持不变。
- backup：当远程主机的目标路径中已经存在同名文件，并且与 Ansible 主机中的文件内容不同时，可指定是否（yes 或 no 值）对远程主机的文件进行备份。当设置为 yes 时，会先备份远程主机中的文件，然后将 Ansible 主机中的文件拷贝到远程主机中。
- owner：指定文件拷贝到远程主机后的属主，远程主机上必须有对应的用户，否则会报错。
- group：指定文件拷贝到远程主机后的属组，远程主机上必须有对应的组，否则会报错。
- mode：指定文件拷贝到远程主机后的权限，如果想将权限设置为 "rw-r--r--"，则可以使用 mode=0644 表示；如果想要在 user 对应的权限位上添加可执行权限，则可以使用 mode=u+x 表示。

示例：

Ansible 可以将多个文件并发地拷贝到多台机器上。例如，使用 copy 模块，将文件直接传输到多台服务器上，可以创建一个 test.txt 文件，将其拷贝到 Ansible 客户端节点上，命令如下：

```
[root@ansible ~]# vi test.txt
aaa
bbb
[root@ansible ~]# ansible hosts -m copy -a "src=/root/test.txt  dest=/opt"
192.168.111.11 | CHANGED => {
    "ansible_facts": {
        "discovered_interpreter_python": "/usr/bin/python"
    },
    "changed": true,
    "checksum": "da39a3ee5e6b4b0d3255bfef95601890afd80709",
    "dest": "/opt/test.txt",
    "gid": 0,
```

```
        "group": "root",
        "md5sum": "d41d8cd98f00b204e9800998ecf8427e",
        "mode": "0644",
        "owner": "root",
        "secontext": "system_u:object_r:usr_t:s0",
        "size": 0,
        "src":            "/root/.ansible/tmp/ansible-tmp-1597114396.05-20291-
268015538081421/source",
        "state": "file",
        "uid": 0
}
```

切换到 Ansible 客户端节点，查看/opt 目录下的内容，命令如下：

```
[root@node1 ~]# ll /opt/
total 0
-rw-r--r--. 1 root root 0 Aug 10 22:53 test.txt
```

如果看到 test.txt 这个文件，则表明 copy 模块执行成功。

在远程主机的/opt 目录下生成 test.txt 文件，test.txt 文件中有两行文本，第 1 行文本为 aaa，第 2 行文本为 bbb，当使用 content 参数指定文件中的文本时，dest 参数对应的值必须是一个文件，而不能是一个路径。下面使用 content 参数，将文件中文本的第 1 行修改为 123，第 2 行修改为 456，命令如下：

```
[root@ansible ~]# ansible hosts -m copy -a 'content="123\n456\n" dest=/opt/test.txt'
192.168.111.11 | CHANGED => {
    "ansible_facts": {
        "discovered_interpreter_python": "/usr/bin/python"
    },
    "changed": true,
    "checksum": "47ce3ac56f911ac44537d6a3802b72ceed71e152",
    "dest": "/opt/test.txt",
    "gid": 0,
    "group": "root",
    "md5sum": "c010aff9dc6276fdb7efefd1a2757658",
    "mode": "0644",
    "owner": "root",
    "secontext": "system_u:object_r:usr_t:s0",
    "size": 8,
    "src": "/root/.ansible/tmp/ansible-tmp-1597125602.63-20535-
150775747592947/source",
    "state": "file",
    "uid": 0
}
```

执行成功，切换到 Ansible 客户端节点，查看文件内容，命令如下：

```
[root@node1 ~]# cat /opt/test.txt
```

```
123
456
```

从上述代码中可以看到,文件内容已被修改。关于其他参数的使用,读者可以自行验证。

任务 4 使用 Ansible 部署 DNS 集群

1. 任务描述

DNS(Domain Name System)是互联网中一种常用的协议,用于将域名转化为 IP 地址,使得用户可以通过更加友好的域名访问网站。在实际应用中,为了提高 DNS 服务的可用性和性能,通常需要将其部署成集群。本任务旨在介绍如何使用 Ansible 自动化部署一个基本的 DNS 集群,包括一个主 DNS 服务器和一个备用 DNS 服务器。通过对本任务的学习,读者将掌握如何使用 Ansible 进行自动化部署,如何配置和管理 DNS 服务器,以及如何提高 DNS 服务的可用性和性能。同时,本任务能够帮助读者进一步了解 DNS 协议和 DNS 服务的相关知识,为后续的学习和应用打下基础。

2. 任务分析

(1)节点规划

使用麒麟服务器操作系统进行节点规划,如表 7-5 所示。

表 7-5 节点规划

IP 地址	主 机 名	节 点
192.168.111.10	ansible	Ansible 服务器端
192.168.111.11	node1	DNS Master
192.168.111.12	node2	DNS Slave

(2)基础准备

使用 VMware Workstation 最小化安装一台虚拟机,配置使用 1vCPU/2GB 内存/40GB 硬盘,镜像使用 Kylin-Server-10-SP2-Release-Build09-20210524-x86_64.iso,网络使用 NAT 模式,并将 NAT 模式的网段配置成 192.168.111.0/24。虚拟机安装完成之后,配置虚拟机的 IP 地址(用户可自行配置 IP 地址,此处配置的 IP 地址为 192.168.111.10、192.168.111.11 和 192.168.111.12),在表 7-5 中对主机名进行配置,分别是 ansible、node1 和 node2,使用远程连接工具进行连接。

本任务已经完成 Ansible 的环境部署,具体可以参考本单元任务 3 中的案例。

3. 任务实施

(1)配置主机映射

修改 Ansible 服务器端节点主机映射,命令如下:

```
[root@ansible ~]# vi /etc/hosts
```

```
# 在文件最后添加以下内容
192.168.111.10 ansible
192.168.111.11 node1
192.168.111.12 node2
```

（2）配置无密钥登录

使用远程连接工具，连接创建的 3 台虚拟机，配置 Ansible 服务器端节点能够无密钥访问 node1 主机，首先在 Ansible 服务器端节点上创建密钥，命令如下：

```
[root@ansible ~]# ssh-keygen -t rsa
Generating public/private rsa key pair.
Enter file in which to save the key (/root/.ssh/id_rsa):        // 按"Enter"键
Enter passphrase (empty for no passphrase):                     // 按"Enter"键
Enter same passphrase again:                                    // 按"Enter"键
Your identification has been saved in /root/.ssh/id_rsa.
Your public key has been saved in /root/.ssh/id_rsa.pub.
The key fingerprint is:
SHA256:8eaLfDrMlKXDP88UvPg7Pg+gDj2la5tOoQM0t3sLIyo root@ansible
The key's randomart image is:
+---[RSA 2048]----+
|                 |
|                 |
|    o . .        |
|   . o . o..     |
|    . ..S+= o    |
|     . +*B o o   |
|      . B+Boo +  |
|E . . X=*+=o.    |
| ..   o@=.+*=.   |
+----[SHA256]-----+
```

然后将公钥分别拷贝至 node1、node2 主机，命令如下：

```
[root@ansible ~]# ssh-copy-id -i ~/.ssh/id_rsa.pub root@192.168.111.11
/usr/bin/ssh-copy-id: INFO: Source of key(s) to be installed: "/root/.ssh/id_rsa.pub"
The authenticity of host '192.168.111.11 (192.168.111.11)' can't be established.
ECDSA key fingerprint is SHA256:YP6W6MzpLydrICUOA22nl8iupECNFeTlVCzV1NTs58M.
// 在下方输入 yes
Are you sure you want to continue connecting (yes/no/[fingerprint])? Yes
/usr/bin/ssh-copy-id: INFO: attempting to log in with the new key(s), to filter out any that are already installed
/usr/bin/ssh-copy-id: INFO: 1 key(s) remain to be installed -- if you are prompted now it is to install the new keys

Authorized users only. All activities may be monitored and reported.
```

```
// 在下方输入密码
root@192.168.111.11's password:

Number of key(s) added: 1

Now try logging into the machine, with:   "ssh 'root@192.168.111.11'"
and check to make sure that only the key(s) you wanted were added.


[root@ansible ~]# ssh-copy-id -i ~/.ssh/id_rsa.pub root@192.168.111.12
/usr/bin/ssh-copy-id: INFO: Source of key(s) to be installed: "/root/.ssh/id_rsa.pub"
The authenticity of host '192.168.111.12 (192.168.111.12)' can't be established.
ECDSA key fingerprint is SHA256:YP6W6MzpLydrICUOA22nl8iupECNFeTlVCzV1NTs58M.
// 在下方输入 yes
Are you sure you want to continue connecting (yes/no/[fingerprint])? Yes
/usr/bin/ssh-copy-id: INFO: attempting to log in with the new key(s), to filter out any that are already installed
/usr/bin/ssh-copy-id: INFO: 1 key(s) remain to be installed -- if you are prompted now it is to install the new keys

Authorized users only. All activities may be monitored and reported.
// 在下方输入密码
root@192.168.111.12's password:

Number of key(s) added: 1

Now try logging into the machine, with:   "ssh 'root@192.168.111.12'"
and check to make sure that only the key(s) you wanted were added.
```

（3）关闭全部服务器的防火墙

```
[root@ansible ~]# systemctl stop firewalld
```

（4）配置网络源

首先安装 vsftpd 服务，命令如下：

```
[root@ansible elk-rpm]# yum install -y vsftpd
上次元数据过期检查：1:55:31 前，执行于 2023 年 02 月 21 日 星期二 21 时 36 分 10 秒。
... ...
//忽略输出
... ...
已安装:
  vsftpd-3.0.3-31.ky10.x86_64    vsftpd-help-3.0.3-31.ky10.x86_64

完毕!
```

然后开启 vsftpd 服务的匿名用户访问功能，让其他节点可以访问到源，命令如下：

```
[root@ansible elk-rpm]# vi /etc/vsftpd/vsftpd.conf
// 找到如下参数，将其值修改为 YES
anonymous_enable=YES
```

接着启动 vsftpd 服务，命令如下：

```
[root@ansible elk-rpm]# systemctl enable --now vsftpd
Created symlink /etc/systemd/system/multi-user.target.wants/vsftpd.service → /usr/lib/systemd/system/vsftpd.service.
```

最后将镜像挂载到共享目录内，命令如下：

```
[root@ansible elk-rpm]# mount /dev/sr0 /var/ftp/pub/
mount: /var/ftp/pub: WARNING: source write-protected, mounted read-only.
[root@ansible elk-rpm]# ls -al /var/ftp/pub/
总用量 535
dr-xr-xr-x 8 root root    2048 8月  9  2021 .
drwxr-xr-x 3 root root      17 2月 21 23:31 ..
-r--r--r-- 1 root root      53 8月  6  2021 .discinfo
dr-xr-xr-x 3 root root    2048 8月  9  2021 EFI
dr-xr-xr-x 3 root root    2048 8月  9  2021 images
dr-xr-xr-x 2 root root    2048 8月  9  2021 isolinux
-r--r--r-- 1 root root     266 8月 10  2021 .kyinfo
-r--r--r-- 1 root root    1149 8月  6  2021 .kylin-post-actions
-r--r--r-- 1 root root    2028 8月  6  2021 .kylin-post-actions-nochroot
-r--r--r-- 1 root root     437 8月 10  2021 LICENSE
dr-xr-xr-x 2 root root    2048 8月  9  2021 manual
dr-xr-xr-x 2 root root  524288 8月  9  2021 Packages
-r--r--r-- 1 root root      81 8月  6  2021 .productinfo
dr-xr-xr-x 2 root root    4096 8月  9  2021 repodata
-r--r--r-- 1 root root    2886 8月 10  2021 TRANS.TBL
-r--r--r-- 1 root root     437 8月  6  2021 .treeinfo
```

（5）配置 Ansible 主机映射清单

在执行 ansible 命令前，先配置 Ansible 主机映射清单，需要修改/etc/ansible/hosts 文件，在文件的末尾添加两行参数，命令如下：

```
[root@ansible ~]# vi /etc/ansible/hosts
# This is the default ansible 'hosts' file.
#
# It should live in /etc/ansible/hosts
#
#   - Comments begin with the '#' character
#   - Blank lines are ignored
#   - Groups of hosts are delimited by [header] elements
#   - You can enter hostnames or ip addresses
#   - A hostname/ip can be a member of multiple groups
... ...
```

```
... ...
## db-[99:101]-node.example.com
# 在末尾添加以下两行参数
192.168.111.11
192.168.111.12
```

（6）编写剧本文件

创建一个专门用于部署的文件夹，命令如下：

```
[root@ansible elk-rpm]# cd ~
[root@ansible ~]# mkdir dns
[root@ansible ~]# cd dns/
// 开始编写 PlayBook 剧本文件
[root@ansible dns]# vi dns_cluster.yml
```

dns_cluster.yml 文件的内容如下：

```
- name: Deploy DNS servers
  hosts: all
  become: yes

  vars:
    domain: example.com
    master_ip: 192.168.111.10
    slave_domain: slave.example.com
    slave_ip: 192.168.111.11
    ansible_python_interpreter: /usr/bin/python3

  tasks:
    - name: Install bind
      yum:
        name: bind
        state: latest

    - name: Configure named.conf
      template:
        src: named.conf.j2
        dest: /etc/named.conf
        owner: named
        group: named
        mode: 0640

    - name: Create zone files
      template:
        src: "{{ item }}.zone"
        dest: "/var/named/{{ item }}.zone"
        owner: named
        group: named
```

```yaml
      mode: 0640
    loop:
      - "{{ domain }}"
      - "{{ slave_domain }}"

  - name: Create slaves directory
    file:
      path: /var/named/slaves
      state: directory
      owner: named
      group: named
      mode: 0750

  - name: Copy slave zone file to slave server
    copy:
      src: "{{ slave_domain }}.zone"
      dest: "/var/named/slaves/{{ slave_domain }}.zone"
      owner: named
      group: named
      mode: 0640
    when: "'192.168.111.12' in inventory_hostname"

  - name: Restart named
    systemd:
      name: named
      state: restarted
      enabled: yes
```

该 PlayBook 剧本包括以下几个主要步骤。

检查所有主机的操作系统版本和更新源是否可用，确保系统是最新的并能够安装软件包。

在所有 DNS 服务器上安装 BIND 软件包，以便能够提供 DNS 服务。

将主 DNS 服务器的配置文件从 Ansible 主机复制到主 DNS 服务器上，包括 named.conf 和主区域文件。

将备用 DNS 服务器的配置文件从 Ansible 主机复制到备用 DNS 服务器上，包括 named.conf 和从区域文件。

在主 DNS 服务器上启动 named 服务，并配置 systemd，使其在系统重启后自动启动。

在备用 DNS 服务器上启动 named 服务，并配置 systemd，使其在系统重启后自动启动。

（7）编写配置文件

```
[root@ansible dns]# vi named.conf.j2
```

named.conf.j2 文件的内容如下：

```
acl "trusted" {
    192.168.0.0/16;
    10.0.0.0/8;
    localhost;
```

```
};

options {
    directory "/var/named";
    listen-on port 53 { any; };
    allow-query { trusted; };
    allow-transfer { trusted; };
    recursion yes;
    dnssec-validation yes;
    auth-nxdomain no;
    notify yes;
};

zone "{{ domain }}" IN {
    type master;
    file "{{ domain }}.zone";
    allow-transfer { {{ slave_ip }}; };
};

zone "{{ slave_domain }}" IN {
    type slave;
    file "slaves/{{ slave_domain }}.zone";
    masters { {{ master_ip }}; };
};
```

named.conf.j2 配置文件模板包括以下内容。

在上面的示例中，{{ slave_domain }}变量被用作备用 DNS 服务器的域名，并在 zone 部分中使用。为了使备用 DNS 服务器能够获取 DNS 区域文件，需要在备用 DNS 服务器上创建名为 slaves 的目录，并将{{ slave_domain }}.zone 文件复制到该目录下。在主 DNS 服务器上，需要将 DNS 区域文件复制到 slaves 目录下，并确保 allow-transfer 允许备用 DNS 服务器访问主 DNS 服务器上的 DNS 区域文件。

options：该部分用于指定 DNS 服务器的常规选项，例如，指定数据存储目录和是否启用递归查询等选项。

zone：在此部分中定义主区域文件和从区域文件。其中，{{ domain }}和{{ slave_domain }}分别是主区域和从区域的名称，{{ master_ip }}是主 DNS 服务器的 IP 地址。在此示例中，主 DNS（master）服务器使用 type master，备用 DNS（slave）服务器使用 type slave。

在 Ansible PlayBook 中，可以使用 template 模块，将上面的 named.conf.j2 文件模板渲染为实际的配置文件，将其复制到 DNS 服务器的适当位置。在模板中，可以使用变量代替模板中的值，例如，将{{ domain }}、{{ slave_domain }}和{{ master_ip }}替换为实际的值。

（8）编写区域文件

```
[root@ansible dns]# viexample.com.zone
$ORIGIN example.com.
$TTL 86400
```

```
        @       IN      SOA     ns1.example.com. root.example.com. (
                                2023022101      ; serial
                                7200            ; refresh (2 hours)
                                3600            ; retry (1 hour)
                                1209600         ; expire (2 weeks)
                                86400           ; minimum (1 day)
                                )

                IN      NS      ns1.example.com.
                IN      NS      ns2.example.com.

        ns1     IN      A       192.168.111.10
        ns2     IN      A       192.168.111.11

        www     IN      A       192.168.111.10

[root@ansible dns]# vi slave.example.com.zone
$ORIGIN slave.example.com.
$TTL 86400
        @       IN      SOA     ns1.example.com. root.example.com. (
                                2023022101      ; serial
                                7200            ; refresh (2 hours)
                                3600            ; retry (1 hour)
                                1209600         ; expire (2 weeks)
                                86400           ; minimum (1 day)
                                )

                IN      NS      ns1.example.com.
                IN      NS      ns2.example.com.

        ns1     IN      A       192.168.111.10
        ns2     IN      A       192.168.111.11

        www     IN      A       192.168.111.10
```

(9)执行和测试

启动 PlayBook 剧本文件,命令如下:

```
[root@ansible dns]# ansible-playbook dns_cluster.yml

PLAY                    [Deploy                         DNS                     servers]
****************************************************************************
********************************************************

TASK                            [Gathering                              Facts]
****************************************************************************
********************************************************
```

```
ok: [192.168.111.11]
ok: [192.168.111.12]

TASK                              [ftp                                repo]
*****************************************************************************
**************************************************************

ok: [192.168.111.12]
ok: [192.168.111.11]

TASK                           [Install                              bind]
*****************************************************************************
**************************************************************

ok: [192.168.111.11]
ok: [192.168.111.12]

TASK                         [Configure                        named.conf]
*****************************************************************************
**************************************************************

changed: [192.168.111.12]
changed: [192.168.111.11]

TASK                    [Create              zone                   files]
*****************************************************************************
**************************************************************

changed: [192.168.111.11] => (item=example.com)
changed: [192.168.111.12] => (item=example.com)
changed: [192.168.111.12] => (item=slave.example.com)
changed: [192.168.111.11] => (item=slave.example.com)

TASK                    [Create              slaves              directory]
*****************************************************************************
**************************************************************

changed: [192.168.111.11]
changed: [192.168.111.12]

TASK        [Copy    slave    zone    file    to    slave    server]
*****************************************************************************
**************************************************************

skipping: [192.168.111.11]
changed: [192.168.111.12]

TASK                           [Restart                             named]
*****************************************************************************
**************************************************************

changed: [192.168.111.11]
changed: [192.168.111.12]
```

```
       PLAY                                                         RECAP
*************************************************************************
*************************************************************************
   192.168.111.11          : ok=7    changed=4    unreachable=0    failed=0
skipped=1    rescued=0    ignored=0
   192.168.111.12          : ok=8    changed=5    unreachable=0    failed=0
skipped=0    rescued=0    ignored=0
```

在 Ansible 服务器端节点中配置 DNS 服务器为 192.168.111.11 并进行测试，命令如下：

```
[root@ansible dns]# echo 192.168.111.11 > /etc/resolv.conf
[root@ansible dns]# ping www.example.com
PING www.example.com (192.168.111.10) 56(84) bytes of data.
64 bytes from ansible (192.168.111.10): icmp_seq=1 ttl=64 time=0.008 ms
^C
--- www.example.com ping statistics ---
1 packets transmitted, 1 received, 0% packet loss, time 0ms
rtt min/avg/max/mdev = 0.008/0.008/0.008/0.000 ms
```

单元小结

本单元旨在通过对自动化运维技术的介绍，帮助读者了解自动化运维的相关概念和作用，并掌握其中的基本技能和工具。首先，读者学习了 Shell 脚本的基础语法和常用命令，了解如何通过编写 Shell 脚本自动化安装 Apache 和部署 2048 小游戏。其次，读者学习了 Ansible 自动化运维工具的基础知识，包括其架构、配置文件、模块和插件等，并了解 Ansible 的自动化部署流程，从环境检查到文件下载、解压缩、移动和服务配置等。掌握自动化运维的基本流程和方法，可以帮助读者提高工作效率。通过对本单元的学习，读者将掌握一些基础的自动化运维技术和工具，为后续的学习和应用打下基础。

课后练习

1. Ansible 是什么？
2. 在 Shell 脚本中是如何传递参数给脚本，并在脚本中使用这些参数的？
3. 在 Ansible 中，如何使用变量来指定主机列表，以及如何在任务中使用这些变量？

实训练习

编写一个 Shell 脚本，实现以下功能：
（1）获取用户输入的两个数字；
（2）计算两个数字的和、差、积、商，并输出结果。

反侵权盗版声明

电子工业出版社依法对本作品享有专有出版权。任何未经权利人书面许可，复制、销售或通过信息网络传播本作品的行为；歪曲、篡改、剽窃本作品的行为，均违反《中华人民共和国著作权法》，其行为人应承担相应的民事责任和行政责任，构成犯罪的，将被依法追究刑事责任。

为了维护市场秩序，保护权利人的合法权益，我社将依法查处和打击侵权盗版的单位和个人。欢迎社会各界人士积极举报侵权盗版行为，本社将奖励举报有功人员，并保证举报人的信息不被泄露。

举报电话：（010）88254396；（010）88258888
传　　真：（010）88254397
E-mail：dbqq@phei.com.cn
通信地址：北京市万寿路 173 信箱
　　　　　电子工业出版社总编办公室
邮　　编：100036